도마뱀의 발바닥은 신기한 테이프

KB074603

YAMORI NO YUBI KARA HUSHIGINA TAPE

Text by Motoko Matsuda, Eri Eguchi
Illustration by Makiko Nishizawa
Supervised by Hideki Ishida
Copyright ⓒ Motoko Matsuda, Eri Eguchi, Makiko Nishizawa, 2011
All rights reserved.
Original Japanese edition published by Alice-Kan., Ltd

이 책의 한국어판 저작권은 신원에이전시를 통해
Alice-Kan Co.과의 독점계약으로 청어람미디어에 있습니다.
저작권법에 의해 한국 내에서 보호를 받는 저작물이므로
무단전재와 무단복제를 금합니다.

자연에서 찾아낸
창의적인 과학기술

도마뱀의
발바닥은
신기한
테이프

마쓰다 모토코 · 에구치 에리 글
니시자와 마키코 그림
이시다 히데키 감수
고경옥 옮김

청어람미디어

"

도마뱀붙이는 벽이나 천장을 어떻게 걸어 다닐 수 있는 걸까요?
달팽이 집의 껍데기는 어째서 항상 깨끗한 걸까요?

"

당연해 보이는 것을
당연하게 여기지 않고,
자세히 관찰하고 생각하며 탐구하다 보면
무수히 숨어 있는
신비한 비밀을 알아낼 수 있습니다.

지구가 탄생한 지 46억 년이 흘렀습니다.
생명이 탄생한 지는 38억 년이 지났고요.
지구 상에서 몇억 년이나 되는 오랜 시간 동안
많은 역경을 거치며 환경에 적응하고
진화를 거듭해 온 신비한 생명의 구조가
우리 곁의 친숙한 자연에,
작은 생명체 안에 숨어 있답니다.

이제 '자연의 문'을 두드려 보아요.
자연에는 행복하고 쾌적한 미래를 만들 지혜가 가득합니다.
생물은 우리의 스승이며, 자연은 우리의 배움터입니다.
어려울 것도 힘들 것도 없습니다.
자연에서 얻은 놀라운 경험을 잊지 않고,
신기하다고 여기는 마음만 있으면 됩니다.

'왜 그럴까?' 하고 궁금해하며,
끊임없이 되묻는 자세.
자연에서 배운 지혜를 더욱 발전시키려는 노력.
에너지를 절약하고 환경을 보호하며,
자연과 더불어 살아갈 수 있는
새로운 기술과 제품을 개발해 내는 일.
이것이야말로 지구와 인류에 꼭 필요한
미래의 기술입니다.

바로 자연이 가르쳐 준 기술,
자연 중심의 기술입니다.

차 례

01 도마뱀붙이는 대단해요! ·············· 접착제 없이도 달라붙는 테이프　012
접착제도 빨판도 없는데 어디든 착 달라붙는다고? 비밀은 발바닥에!

02 연잎은 대단해요! ·············· 초발수 가공　020
연잎 위에 보이지 않는 비밀이! 동글동글 물망울을 튕겨 내는 마법의 구조

03 모기는 대단해요! ·············· 아프지 않은 주삿바늘　028
아픈 주사는 싫어요! 모기 침처럼 찔려도 아프지 않은 신기한 바늘을 만들어요!

04 식물의 가시는 대단해요! ·············· 벨크로테이프(찍찍이)　034
산길이나 들판에 사는 식물이 벨크로를 탄생시켰다고?

05 거북복은 대단해요! ·············· 효율성 높은 자동차의 차체　040
네모난 작은 물고기가 부드럽게 주행하는 자동차의 모델!

06 올빼미는 대단해요! ·············· 조용히 주행하는 신칸센의 팬터그래프　046
올빼미의 날개와 물총새의 부리에서 배운 조용한 신칸센 제작 방법

07 달팽이는 대단해요! ·············· 더러워지지 않는 오염 방지 타일　056
언제나 등에 이고 다니는 껍데기가 늘 깨끗한 데서 힌트를 얻었어요!

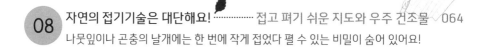

08 자연의 접기기술은 대단해요! ·············· 접고 펴기 쉬운 지도와 우주 건조물   064
나뭇잎이나 곤충의 날개에는 한 번에 작게 접었다 펼 수 있는 비밀이 숨어 있어요!

09 배좀벌레조개는 대단해요! ·············· 터널 굴착기, 실드공법   072
구멍을 파도 무너지지 않아요. 조개는 터널 파기의 달인!

10 나방은 대단해요! ·············· 반사 방지 필름과 화면   080
밤에 생활하는 나방의 눈에서 배웠어요. 낭비 없는 빛 활용법!

11 모르포나비는 대단해요! ·············· 염색이 필요 없는 색, 바래지 않는 색   090
푸른색이 없는데 푸른색 나비라고? 색이 빠지지도 않고 바래지도 않는 염색법

12 문어와 개는 대단해요! ·············· 미끄러지지 않는 농구화와 데크슈즈   100
문어의 빨판이 농구화로, 개의 발바닥이 데크 슈즈로 대변신!

13 뱀은 대단해요! ·············· 어디든 갈 수 있는 뱀 로봇   104
좁고 울퉁불퉁한 길도 깊은 물속도 문제없어요! 어디든 출동!

14 돌고래는 대단해요! ·············· 어종까지 알아내는 어군탐지기   112
물고기 한 마리까지 찾아내는 돌고래의 능력에서 배운 첨단기술

15 흰개미는 대단해요! ·············· 에어컨이 필요 없는 건물   122
뜨거운 땅속에서도 에어컨이 필요 없어요! 우리 집도 흰개미 집처럼 지어 주세요!

16 벌은 대단해요! ·············· 가볍고 튼튼한 육각형 구조   130
크고 가볍고 튼튼하기까지! 벌집의 육각형은 힘이 세요!

나노 군과 알아보는 이 책에 나오는 길이 단위

이 책에는 평소 생활에서 자주 사용하는 '미터(m)'
나 '센티미터(cm)'보다 훨씬 작은 길이를 나타내는
단위가 나옵니다. 책을 읽다 모르는 부분이
나오면 이곳으로 돌아와서
다시 확인해 보세요.

제 이름은 **나노**예요.
키가 1나노미터라 그렇게 불려요.
전 질문이 좀 많아요!

옆에 계신 분은
제가 한 질문에 답을 해 주고
여러분의 길잡이가 되어줄
나노 박사님입니다.

길이 단위 기호 일람표

기호로 표시하는 방법은 국제적으로 정해져 있습
니다. 기준이 되는 것은 미터(m)이며 미터에 여러
기호를 덧붙여서 나타냅니다.

기호 ▼	읽는 법 ▼	미터와 비교 ▼	
m	미터	1m	$\frac{1}{1,000}$ 하면
mm	밀리미터	$\frac{1}{1,000}$m	다시 $\frac{1}{1,000}$ 하면
μm	마이크로미터	$\frac{1}{100만}$m	다시 $\frac{1}{1,000}$ 하면
nm	나노미터	$\frac{1}{10억}$m	

'나노'란 '10억분의 1'을 나타내는 기호입니다. 따라서
'1나노미터'는 '10억분의 1미터'라는 뜻입니다.

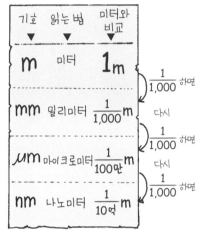

1나노미터는 10억 분의 1미터?
그렇다면……, 밀리미터로 하면?

1나노미터는
100만분의 1밀리미터!

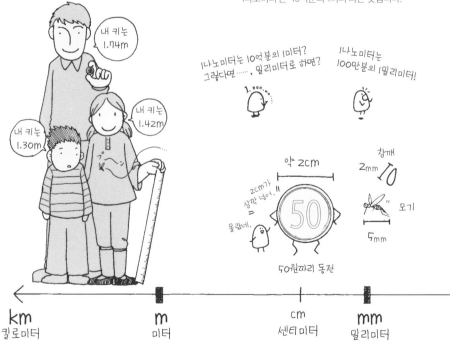

내 키는
1.74m

내 키는
1.42m

내 키는
1.30m

약 2cm

2cm가
살짝 넘어.
몰랐네.

50
50원짜리 동전

참깨
2mm

모기
5mm

km 킬로미터
m 미터
cm 센티미터
mm 밀리미터

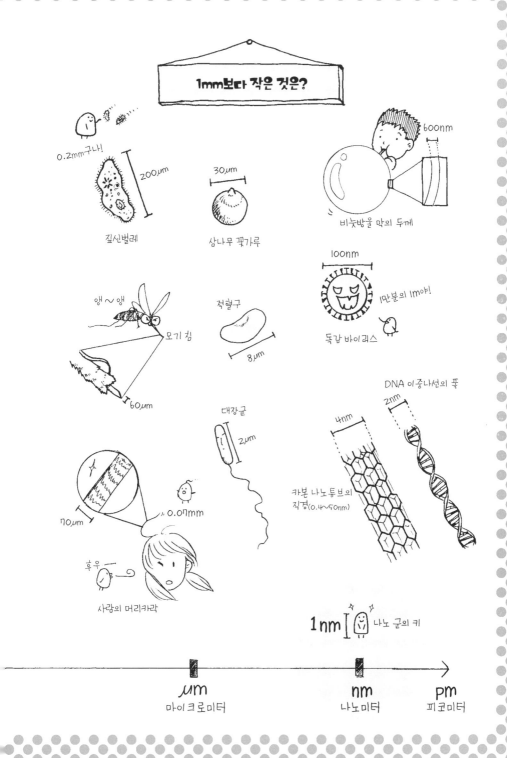

01

벽이나 천장에서도 떨어지지 않고 걸어 다녀요!

도마뱀붙이는 대단해요!

접착제 없이도 달라붙는 테이프

도마뱀붙이에서
배운 기술

척!

찰싹

도마뱀붙이는 창문이나 벽에 붙은 작은 벌레를 보면 잽싸게 다가가 순식간에 날름 집어삼킵니다. 도마뱀붙이는 수직으로 된 벽이나 천장에 거꾸로 매달려 자유자재로 걸어 다닙니다. 유리처럼 매끈한 면이나 울퉁불퉁한 벽이라도 문제없지요. 커다란 도마뱀붙이는 체중이 50g이나 된다고 합니다. 작은 벌레라면 몰라도 이런 몸집으로 벽이나 천장에서 떨어지지 않고 돌아다니다니, 도마뱀붙이는 정말 대단해요!

대형 도마뱀붙이로는 동남아시아에 사는 토케이도마뱀붙이가 있다.
큰 도마뱀붙이는 몸길이가 30cm 이상이 되기도 한다.

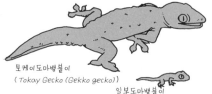

토케이도마뱀붙이
(Tokay Gecko (Gekko gecko))

일본도마뱀붙이
(Gekko japonicus)

012

도마뱀붙이의 발바닥은 대단해요!

도마뱀붙이의 발에서는 접착제가 나오지 않아요. 빨판도 달려 있지 않죠. 그런데도 벽에 찰싹 달라붙어 있다가 쉽게 다리를 옮겨 가며 재빨리 기어가죠. 이러한 도마뱀붙이의 비밀이 궁금해서 도마뱀붙이의 발바닥을 자세히 들여다보았답니다.

도마뱀붙이의 발바닥에는 가느다란 주름이 새겨져 있어요. 그 주름을 현미경으로 관찰해 보면 미세한 털이 빽빽이 나 있는 것을 볼 수 있습니다. 한쪽 발바닥에 난 털만도 무려 50만 개에 이릅니다. 게다가 털 하나하나의 끝부분은 다시 100~1,000 갈래로 나뉘져 있어요. 바로 이것이 도마뱀붙이의 발바닥이 지닌 힘의 비밀입니다.

현미경으로 들여다본 도마뱀붙이의 발바닥

주름

털의 끝부분이 숟가락처럼 살짝 벌어져 있다.

캬악~

죽었어도 붙어 있네요.

켈라 오텀(Kellar Autumn)이라는 미국인이 죽은 도마뱀붙이도 벽에 달라붙는지 실험을 해 보았다네요. 그는 죽은 도마뱀붙이의 한쪽 발을 수직으로 세운 유리판에 붙여 보았지요. 놀랍게도 도마뱀붙이는 떨어지지 않았어요. 도마뱀붙이가 살아 있지 않아도 붙어 있다는 것은 도마뱀붙이가 벽이나 천장에 애써 힘들여 매달린 것이 아니라는 뜻이죠. 발바닥 구조 자체에 비밀이 있다는 사실을 증명한 셈입니다.

나노 단위의 놀라운 인력

털이 많으면 어째서 달라붙는 걸까요? 사실 여기에는 어떤 신기한 힘이 작용합니다.

물체와 물체가 눈에 보이지 않을 만큼 가까이(1nm 정도. 나노미터에 관해서는 10쪽에 소개한 '나노 군과 알아보는 이 책에 나오는 길이 단위'를 참고하세요.) 접근하면 서로 잡아당기는 힘이 발생합니다. 이 힘을 반데르발스 힘(van der Waals force) 혹은 분자간력이라고 합니다.

도마뱀붙이의 털 한 가닥이 벽에 작용하는 힘은 아주 약합니다. 잡아당기는 힘이 세지도 않을뿐더러 털이 전부 벽에 닿아 있는 것도 아닙니다. 게다가 조금이라도 털과 벽 사이가 벌어지면 반데르발스 힘은 사라지고 맙니다. 하지만 도마뱀붙이의 발에는 200만(발 하나에 50만×4) 가닥이나 되는 털이 돋아 있습니다. 털의 끝이 갈라져 있는 것까지 고려하면 네 발을 합쳐 억 단위의 접착점이 존재합니다. 체중이 50g인 커다란 도마뱀붙이도 거뜬히 벽에 붙어 있을 정도로 힘이 세죠. 발바닥 전체를 벽에 붙이지 않아도 발 어딘가가 벽에 닿만 있으면 자유롭게 돌아다닐 수 있답니다.

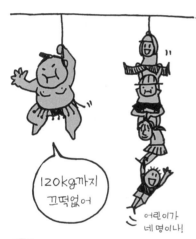

120kg까지 끄떡없어

어린이가 네 명이나!

만약 네 발을 모두 벽에 붙여 반데르발스 힘이 네 발 전체에 작용한다면 얼마나 무거운 것까지 버틸 수 있을까요? 계산상으로는 무려 120kg까지 버틸 수 있다고 합니다! 도마뱀붙이는 어떤 상황에서도 자신의 몸을 지탱하고도 남을 만큼 충분한 힘을 지니고 있어요.

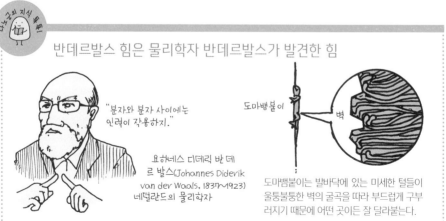

반데르발스 힘은 물리학자 반데르발스가 발견한 힘

"분자와 분자 사이에는 인력이 작용하지."

요하네스 디데릭 반 데르 발스(Johannes Diderik van der Waals, 1837~1923) 네덜란드의 물리학자

도마뱀붙이

벽

도마뱀붙이는 발바닥에 있는 미세한 털들이 울퉁불퉁한 벽의 굴곡을 따라 부드럽게 구부러지기 때문에 어떤 곳이든 잘 달라붙는다.

01

"선배님, 죄송해요."
"더 노력해야겠어."
우리는 어디든 딱! 붙어!

노벨상 수상 물리학자도 도마뱀붙이에 도전장을?

도마뱀붙이는 어떻게 아무 데나 달라붙어 자유롭게 돌아다니는 걸까요? 켈라 오팀의 연구팀에서 그 비밀을 가장 먼저 밝혀냈습니다. 2000년에 발표한 이 논문을 계기로 세계 곳곳의 과학자들이 도마뱀붙이에서 영감을 얻어 기술을 개발하기 시작했습니다.

그중 하나가 도마뱀붙이 테이프입니다. 도마뱀붙이를 모방하여 접착제를 사용하지 않는 테이프를 만들려고 한 것이지요. 도마뱀붙이의 발바닥 털처럼 잘 구부러지면서 부러지지 않는 나노 크기의 미세한 털로 가득 찬 테이프를 만들면, 도마뱀붙이처럼 사물에 쉽게 붙였다 뗐다 하면서 몇 번이나 반복해 사용할 수 있을 테니까요.

많은 연구자가 이 과제를 두고 도전하기 시작했습니다. 2010년 노벨 물리학상을 받은 안드레 가임(Andre Geim)도 그중 한 명입니다. 그는 과거에 도마뱀붙이의 접착력에 관해 연구한 적이

철~~썩

우아~ 진짜같아~!

계속 도전해 보고 싶었거든!

있었지요. 안드레 가임의 연구팀은 도마뱀붙이의 털 대신에 작은 수지 기둥을 만들어 도마뱀붙이 테이프 개발에 도전했습니다. 그들이 개발한 테이프를 장난감 스파이더맨의 한쪽 손에 붙여 보았더니, 스파이더맨은 유리로 된 천장에 찰싹 달라붙었습니다. 드디어 성공인가 싶었지만, 아쉽게도 이 테이프는 실패작이었습니다. 단지 두세 번밖에 사용하지 못했기 때문입니다. 지탱할 수 있는 무게도 도마뱀붙이에는 한참 못 미쳤지요. 도마뱀붙이는 발이 더러워져도, 젖어 있거나 말라 있어도, 매끄럽거나 울퉁불퉁한 표면도 태연하게 걸어 다닙니다. 이런 진짜 도마뱀붙이와 비슷해지기는 어렵겠지요. 하지만 포기란 없습니다. 지금도 세계 곳곳에서 이러한 연구와 도전이 계속되고 있답니다.

꿈의 소재, 카본 나노튜브로 도마뱀붙이 테이프를 만들다!

오텀의 연구팀이 논문을 발표한 후로 세계의 과학자들은 도마뱀붙이의 발에서 직접 털을 채취하거나 실리콘 수지로 미세한 털을 제작하는 등, 접착제가 필요 없는 접착 구조를 만들기 위해 여러 가지 실험을 계속했습니다. 그러던 중 일본의 닛토덴코라는 회사의 마에노 요헤이 씨와 공학자 나카야마 요시카즈 씨가 힘을 모아 도마뱀붙이 테이프의 시작품을 개발했습니다.

시작품에 사용한 소재는 카본 나노튜브입니다. 탄소로 만든 눈에 보이지 않을 만큼 가느다란 대롱 모양입니다. 미세한 나노 크기로, 부드럽게 구부러지면서도 튼튼해서 평평한 면에 촘촘히 심을 수 있는 특징이 있습니다. 고온이나 저온에서도, 물속이나 진공 상

lcm

가로세로 lcm의 네모난 테이프로 어떻게 이럴 수가!

500ml 페트병

해냈군!

드디어 해냈어요!

나카야마 요시카즈

마에노 요헤이

도마뱀붙이 테이프

나도 궁금! 지식톡톡!

카본은 탄소야, 연필심과 다이아몬드도 카본!

탄소는 우리에게 친숙한 원소야! 원소 기호 C로 나타내는 단일 원소란다.

카본(carbon)은 여러 원소 중 하나야. 어원은 목탄을 뜻하는 라틴어의 cabo이고, 한자로는 탄소(炭素)라고 쓰지. 탄소 원자의 나열 구조에 따라 다양한 물질이 생성되지.

다이아몬드

연필심은 탄소로 이루어진 검댕과 점토를 섞어서 만들어.

연필심

숯

C의 배열 구조가 가지런하면 굉장히 단단해져. 반면에 C의 배열 구조가 복잡하면 부드럽고 물러지지.

검댕

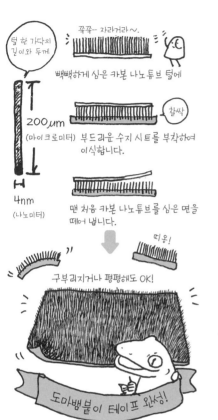

꾹꾹~ 자라거라~.

털 한 가닥의
길이와 두께

빽빽하게 심은 카본 나노튜브 털에

200㎛
(마이크로미터)

찰싹

부드러운 수지 시트를 부착하여
이식합니다.

4nm
(나노미터)

맨 처음 카본 나노튜브를 심은 면을
떼어 냅니다.

띠용!

구부러지거나 평평해도 OK!

도마뱀붙이 테이프 완성!

카본
나노
튜브

탄소의

매우 작은

대롱

탄소 하나가 다른 탄소 세 개와 육각형 모양
으로 연결되어 대롱 모양을 형성하고 있다.

태에서도 그 특징을 유지할 수 있고요. 이 카본 나노튜브를 부드럽게 휘어지는 수지 시트에 이식하여 도마뱀붙이의 발바닥처럼 만들었습니다. 그 결과 가로세로 1cm 크기의 테이프로 무려 500㎖(500g)의 물이 들어간 페트병을 매달 수 있었습니다.

하지만 이 테이프 역시 완벽하지는 않습니다. 아직 해결해야 할 과제가 많이 남아 있지요. 도마뱀붙이는 발바닥이 더러워져도 스스로 깨끗이 하는 힘(자정작용)을 지니고 있지만 이 테이프는 아직 그렇지 못합니다.

미국에서도 카본 나노튜브를 이용하여 일본의 테이프보다 더 강력한 테이프를 개발했다고 합니다. 참고로 도마뱀붙이는 영어로 '게코 gecko'입니다. 그래서 미국에서는 '게코 테이프'라고 합니다.

이론적으로는 알지만 진짜 도마뱀붙이의 능력에는 아직 도달하지 못했습니다. 도마뱀붙이 테이프의 개발은 이제 막 걸음마를 뗀 수준이랍니다.

나노군의 지식 특강!

카본 나노튜브를 맨 처음 발견한 사람은?

카본 나노튜브의 구조를 최초로 발견한 사람은 이이지마 스미오라는 일본인이야. 1991년의 일이지. 그 전에도 러시아의 과학자가 카본 나노튜브와 흡사한 구조를 발견했지만, 정확하게 분석해 낸 건 그가 처음이야. 이 소재를 발견한 후로 우주 엘리베이터*의 소재로 사용되면서 과학자들이 카본 나노튜브의 발전 가능성에 주목했지. 현재도 여러 방면에서 활용이 기대되는 꿈의 소재로 각광받고 있단다.

* 지구의 자전 속도로 회전하는 인공위성과 지구를 연결하여 우주와 지구를 왕복할 수 있는 미래의 엘리베이터.

도마뱀붙이 로봇 등장!

도마뱀붙이 테이프만 개발한 것이 아닙니다. 예를 들면 도마뱀붙이처럼 벽을 타고 올라가는 로봇 개발도 한창입니다. 도마뱀붙이 로봇의 발바닥에는 테이프 외에도 여러 가지 기술이 사용된답니다.

하지만 진짜 도마뱀붙이처럼 잽싸게 움직이고, 발이 더러워져도 힘이 변하지 않는 로봇을 만드는 일은 굉장히 까다롭습니다. 아직은 미래의 꿈과 같은 로봇이지요.

지금은 비록 걷는 속도도 느리고 발의 힘이 약해지기도 하지만, 앞으로 도마뱀붙이 로봇이 어떤 진화된 모습을 보여 줄지 기대가 되네요.

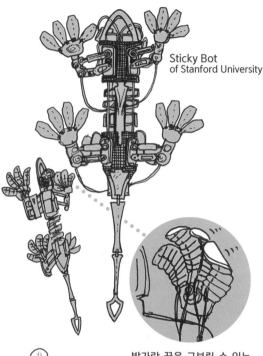

Sticky Bot
of Stanford University

발가락 끝을 구부릴 수 있는 도마뱀붙이 로봇

수직인 유리 벽을 기어오를 수 있다. 발가락에 접착 패드가 붙어 있어 진짜 도마뱀붙이처럼 발가락 끝을 구부리며 발을 뗀다.

GEKKO
of Serbot

빌딩 청소는 내게 맡겨

빌딩의 외벽이나 창문, 지붕 위에 설치된 태양전지판을 청소한다. 여러 개의 빨판을 차례대로 붙였다 떼며 움직인다.

Waalbot
of Carnegie
Mellon University

천장에서도 걸을 수 있는 강력한 발바닥 패드

양쪽에 달린 세 개의 둥근 발이 회전하며 앞으로 나아간다. 발바닥 패드에는 작고 강력한 기둥들이 가득한데 그 기둥 끝의 평평한 면으로 벽에 달라붙는다.

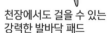

Climbing Mini-Whegs
of Case Western Reserve
University

셀로판테이프로 벽을 기어 올라간다고?

부드러운 시트를 바퀴처럼 빙글빙글 돌리면서 움직인다. 투명비닐 테이프처럼 일반적인 접착테이프를 바퀴로 사용한 소박한 로봇이다.

* 여기에 소개한 로봇의 영문 이름으로 인터넷에서 검색하면 좀 더 자세한 내용을 알 수 있으며, 관련 동영상도 찾을 수 있다.

벽 타기 장갑과 신발만 있으면 어디든지 올라갈 수 있어!

여기는 화재 현장,
사람을 구하러 구조 로봇이 출동했습니다!

미래에는 가능할지 몰라!

언제 어디에나
찰싹 달라붙어요!

피가 나거나 물이 묻어도 강력해서
수술 도구로도 안성맞춤!

풀이나 나사를 사용하지 않고 초소형 정밀기계를
붙일 수 있어요!

붙였다 떼기
쉽고 접착제가
필요 없는
인조 손톱으로
네일 아트를!

털이나
상처에
달라붙지
않는
반창고

제법인 걸!

02

연잎은 대단해요!

초발수 가공   연잎에서
배운 기술

연잎 위에 맺힌 물방울을 본 적이 있나요?
마치 보석처럼 동그랗게 맺힌 물방울이 데굴
데굴 굴러떨어집니다. 그런데 연잎 위에 떨
어진 물방울은 어째서 옆으로 넓게 퍼지지
않을까요? 게다가 물을 닦아 내지도 않는데
연잎은 어떻게 항상 깨끗한 걸까요? '왜 그
럴까?' 하고 곰곰이 생각해 보았더니, 연잎
은 정말 대단해요!

연잎은 미세한 돌기로 뒤덮여 있어요!

현미경으로 연잎 표면을 자세히 들여다보면 아주 작은 돌기가 돋아 있는 것을 볼 수 있습니다. 그 크기는 마이크로미터 단위이지요. 그뿐이 아니라 이들 돌기는 더 작은 나노미터 크기의 돌기로 덮여 있답니다. 매끈해 보이는 연잎의 표면이 사실은 눈에 보이지 않는 아주 작은 돌기로 뒤덮여 있다니 정말 놀라워요! 게다가 이 돌기가 바로 연잎에서 일어나는 여러 가지 신기한 현상의 비밀을 담고 있다고 합니다.

식물의 잎사귀 표면은 살아 있는 세포가 아니에요. 식물 자체에서 나오는 왁스(밀랍 성분)가 식물의 종류에 따라 다른 독자적인 구조를 잎사귀 표면에 만들고, 층(껍질)을 형성하여 잎사귀 표면을 뒤덮고 있답니다. 연잎은 수많은 식물 중에서도 월등하게 뛰어난 돌기 구조층으로 뒤덮여 있는 셈이죠.

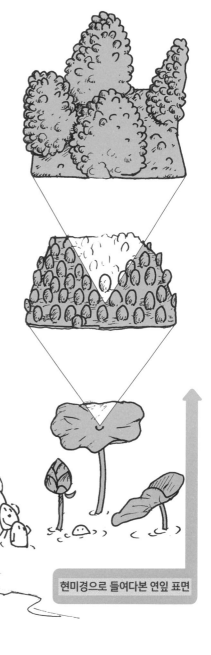

현미경으로 들여다본 연잎 표면

표면이 오톨도톨하면 어째서 잎사귀가 젖지 않고 더러워지지도 않는 걸까요?

작은 돌기 위에 물체를 올려놓으면, 돌기 없이 납작한 곳에 올려놓는 것보다 물체에 접촉하는 면적이 줄어듭니다. 더욱이 돌기 사이의 공기가 쿠션과 같은 역할을 하면서 돌기 위의 물체(물)를 지탱하지요. 이러한 구조가 항상 깨끗함을 유지하는 연잎의 첫 번째 비밀입니다.

만약 돌기가 발수성(물을 튕겨 내는 성질) 물질이라면 그 효과는 더욱 강력해지겠지요. 그런데 연잎의 돌기 표면은 왁스(밀랍)로 이루어졌습니다. 즉, 돌기 표면은 물을 튕겨 내는 발수성 물질인 셈이지요. 대단하죠! 연잎에는 당해 낼 수가 없네요.

그렇다면 연잎 위에 동글동글 물방울이 생기는 이유는 무엇일까요? 그건 표면장력이라는 힘이 작용하기 때문입니다. 표면장력은 액체의 표면이 최대한 작아지려고 하는 힘입니다. 부피가 가장 작은 형태는 구형이지요. 그래서 물방울은 동그랗게 맺히는 거랍니다.

또 하나, 연잎이 항상 깨끗한 이유는 표면이 오톨도톨한 만큼 접촉면이 적어져서 오염 물질이 달라붙기 어렵기 때문이에요. 더구나 자연에서 생기는 오염 물질은 물에 쉽게 달라붙어 물방울이 흐를 때 함께 떨어지지요. 연잎의 돌기 구조는 잎 전체를 촘촘히 덮고 있어서 아무리 작은 물방울이라도 흘러 떨어지고, 이때 오염 물질도 함께 없어지는 거랍니다.

초발수 현상과 깨끗함의 비밀은?

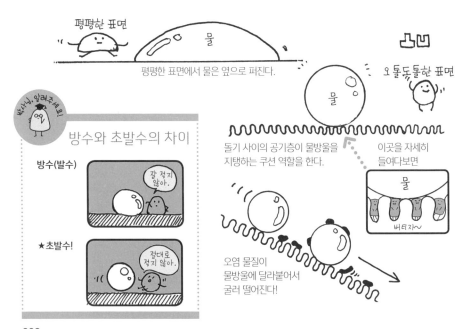

평평한 표면에서 물은 옆으로 퍼진다.

오톨도톨한 표면

돌기 사이의 공기층이 물방울을 지탱하는 쿠션 역할을 한다.

이곳을 자세히 들여다보면

방수와 초발수의 차이

방수(발수)
갈 적지 않아.

★초발수!
절대로 적지 않아.

오염 물질이 물방울에 달라붙어서 굴러 떨어진다!

발명가가 된 식물학자

독일의 식물학자 빌헬름 바르트로트(Wilhelm Barthlott) 박사도 연잎의 비밀을 알아낸 사람 중 한 명입니다. 현미경이 발달함에 따라 연잎의 구조를 좀 더 자세히 관찰할 수 있게 되어 연잎의 초발수 효과는 잎사귀의 표면 구조와 관련 있다는 사실을 알아냈습니다. 나아가 연잎의 구조를 연구하면 새로운 제품을 개발할 수 있으리라 확신했습니다.

그는 특별한 숟가락을 제작해 기업에 소개했습니다. 기업에서도 이 숟가락에 관심을 보였지요. 눈에 보이지 않는 마이크로 돌기로 표면을 코팅한 숟가락이었습니다. 벌꿀이 숟가락에 끈적하게 달라붙지 않고 주르륵 흘러내리자 기업도 이 기술에 관심을 보였습니다. 그러나 유감스럽게도 이 코팅은 내구성이 약해 반복해서 사용할 수 없습니다.

20대에 연잎의 능력을 발견하고 꾸준히 연구한 결과 40대에 발명가가 되었다.

그래도 그는 포기하지 않았습니다. 연잎의 표면 구조에서 발생하는 효과를 '로터스 효과'(Lotus-Effect, 연잎 효과)라고 명명한 논문을 발표하고, 특허도 취득했습니다. 그리고 1999년 드디어 기업과 협력하여 로터산(Lotusan)이라는 페인트를 제작·판매하기 시작했습니다. 연잎의 자정작용을 알고 난 지 25년 후의 일입니다.

이 페인트를 칠하면 표면에 연잎처럼 눈에 보이지 않는 작은 오톨도톨한 돌기가 생깁니다. 일정 기간만 효과가 유지되며 조심스럽게 다뤄야 하지만, 로터산 페인트의 개발은 획기적인 것이었습니다. 이러한 페인트가 더욱 진화된다면 청소할 필요가 없어 세제나 물의 사용량도 확연히 줄어들 테니까요.

숟가락 표면을 코팅해서 벌꿀이 끈적하게 달라붙지 않고 주르륵 흘러내리지도 않는다.

베를린의 니콜라이 지구에서는 마을의 벽을 로터산 페인트를 써서 새로 칠했다. 로터산 외장 마감재는 스토로터산(StoLotusan)®이라는 제품으로 판매되고 있다.

신문을 물에 적셔도

전혀 젖지 않네!

정말
놀라운
초발수 효과!

더러운 물에 빠져도

새하얀 셔츠 그대로야!

20년 이상 연잎을 연구해 온
다카이 오사무 씨에게 들어 보겠습니다

제가 개발한 가공 방법은 '플라즈마 CVD법'이라고 합니다. 코팅하고 싶은 물체를 기계에 넣고 그 안에서 유기 실리콘 화합물을 미세한 눈처럼 흩뿌려 돌기를 만드는 방법이지요. 고온, 고압을 사용하지 않기 때문에 어떤 물체라도 가공할 수 있습니다. 현재는 와이퍼가 필요 없는 자동차를 목표로 유리 가공에 도전 중입니다. 성공하지 못하더라도 연구 과정이 기술로 축적된다는 신념으로 도전을 이어가고 있답니다. 또한 인쇄회사와 합동으로 초발수 인쇄 기술을 개발하고 있습니다. 비에 젖지 않는 포스터를 사용하게 될 날이 머지않았지요.

(구멍이 있는) 차 거름망인데

물이 빠져나가지 않네~!

종이접시도, 화장실 휴지도

전혀 젖지 않고 물방울이 튕겨져 나가네!

차 거름망 단면
둥글게 변하는 물의 성질 때문에 빠져나오지 않는다.

물은 둥글게 변하려는 성질 때문에 망에 걸린다. 차 거름망을 손으로 만지면 물을 잡아당기는 손의 힘이 더 세져서 물이 망 사이로 빠져나온다.

나노군 인터뷰!

초발수 스프레이 '에어코트'로 특허를 취득한 시라토리 세이메이 씨에게 들어 보겠습니다

이제까지의 방수 스프레이와는 전혀 다릅니다. 방수 스프레이는 물이 굴러 떨어질 정도의 발수성은 지니지 못하지요. 인체에 해로운 물질도 섞여 있습니다. 하지만 이 초발수 스프레이는 들이마셔도 몸에 해롭지 않답니다. 초발수뿐 아니라 기름을 튕겨 내는 발유 효과 기술도 개발했습니다. 개발 초기에는 모두 불가능할 거라고 예상했지요. 하지만 할 수 있다는 생각으로 도전하는 것과 그렇지 않은 것은 전혀 다른 결과를 불러옵니다. 실패를 거듭하고 나서야 비로소 성공할 기회를 얻게 된답니다.

깔끔하게 끝까지 사용할 수 있어요!

원단 | 물방울

마이크로프트 렉터스®
미국에서는 다른 방법으로 나노 케어
(Nano-Care)®라는 초발수 원단을 개발
하여 실용화했다.

세계의 과학자들과 여러 기업에서는 연잎을 응용한 초발수 기술과 제품을 독자적으로 개발하여 실용화하고 있습니다. 일본의 섬유 회사인 '데이진 파이버'에서도 초발수 원단을 개발했지요. 미세 섬유인 '극세사'로 연잎 효과를 내는 표면을 만들어 초발수 가공을 실현한 원단이 '마이크로프트 렉터스®'입니다. 이 섬유를 사용한 스포츠 의류와 비옷이 실제로 제작·판매되고 있답니다.

미래에는 가능할지 몰라!

젖지 않아 깨끗해요,
날마다 쾌적한 생활!

비에 젖어도
날개가 무거워지지 않아!

와이퍼가 필요 없는
자동차 유리

비 오는 날에도 상쾌하게 사이클링~!

비가 오니
벽이 깨끗해졌어!

젖지 않아
언제나 새것 같은
포스터

비가 와도
젖지 않아요!
옷도 신발도
가방도 보송보송!

빗방울이 데구루루~
젖지 않는 지도

초발수 기술과 제품의 가장 큰 문제점은 내구성입니다. 표면의 돌기 구조가 망가지면 효과가 약해져서 기능이 사라져 버리기 때문입니다.

문지르거나 씻어도 망가지지 않는 반영구적인 제품을 대량으로 저렴하게 생산할 수 있다면 좋겠지만, 아직은 미래에나 가능한 일입니다. 물론 기술 개발은 지금도 착실히 진행되고 있지요. 연잎을 응용한 초발수 기술은 앞으로 우리가 쾌적한 삶을 살아가는 데 큰 도움을 줄 것입니다.

나처럼 깨끗해지고 싶나요?

03
침으로 콕 찔러도 아프지 않아요!

모기는 대단해요!

아프지 않은 주삿바늘

모기에서
배운 기술

모기는 우리가 알아채지 못하게 피부에 침을
찔러 피를 빨아들입니다. 병원에서 주사를 맞
으면 따끔하다 못해 울고 싶을 정도로 아픈데,
모기의 침은 아프지 않아 피부를 찌르고 있을
때조차 알아채지 못하지요. 모기는 정말 대단
해요!

모기

03

초극세 침으로 피를 빨아들일 수 있을까?

모기의 침 역시 주삿바늘처럼 속이 비어 있습니다. 침의 내부 직경은 대략 25㎛로, 외부 직경도 60㎛밖에 되지 않습니다. 사람의 머리카락 굵기는 평균 70㎛라고 하니, 얼마나 가는지 짐작할 수 있겠지요?

이렇게 가느다란 침이 피부를 쉽게 찌를 수 있는 비결은 모기의 침 끝부분이 뾰족뾰족한 톱니처럼 생겼기 때문입니다. 작은 톱날처럼 생긴 침을 앞뒤로 미세하게 움직이며 조금씩 피부 속으로 찔러 넣죠. 가는 침이 미세하게 움직이기 때문에 부러지거나 휘지 않고 피부 속으로 들어갑니다. 게다가 피도 잘 통과합니다. 혈액의 성분 중 크기가 가장 큰 백혈구는 직경이 13㎛입니다. 모기 침은 직경이 25㎛이므로 침 속으로 피가 충분히 통과하고도 남지요. 적혈구 직경은 8㎛, 혈소판은 2~3㎛랍니다.

혈액 성분의 크기

백혈구 13㎛

적혈구 8㎛

혈소판 2~3㎛

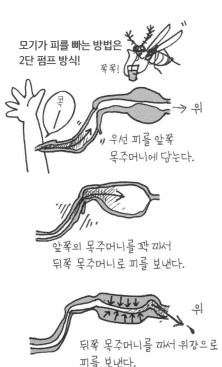

모기가 피를 빠는 방법은 2단 펌프 방식!

쪽쪽!

위

우선 피를 앞쪽 목주머니에 담는다.

앞쪽의 목주머니를 꽉 짜서 뒤쪽 목주머니로 피를 보낸다.

위

뒤쪽 목주머니를 짜서 위장으로 피를 보낸다.

피를 빠는 것은 암컷 모기입니다. 알을 낳기 위한 영양(단백질 등)을 얻기 위해 피를 빨지요. 그 외 사는 데 필요한 영양은 꽃이나 과일 등에서 얻습니다.

그런데 모기에 물리면 왜 가려운 걸까요? 그것은 모기의 타액 때문입니다. 피를 빨고 있는 동안 침 속이나 모기 뱃속에서 피가 굳어 버린다면 큰일이겠지요. 모기는 피를 빨기 전에 피가 굳지 않게 하는 특별한 물질을 사람의 몸에 주입합니다. 이때 모기의 타액에 우리 신체는 저항반응을 일으킵니다. 가려움을 느끼는 알레르기 반응을 보이는 것이지요.

'통증'의 비밀을 알면 '무통'의 비밀도 알 수 있어요!

모기의 침은 어째서 아프지 않을까요?

사람의 피부에는 수많은 '통점'이 존재합니다. 이 통점을 자극하면 아픔을 느끼게 되지요. 두꺼운 바늘로 피부를 찌르면 여러 곳의 통점을 건드려서 큰 아픔을 느끼게 됩니다. 바늘이 가늘면 그만큼 통점을 적게 건드려 아픔도 덜 느낍니다.

'통점은 하나만 건드려도 아픈 게 아닐까?' 하는 의문이 들지도 모릅니다. 하지만 염려 마세요. 자극을 받는 통점의 수가 적으면 아프다는 느낌이 들지 않습니다. 바늘이 얼마나 두꺼워야 통증을 느끼는지 조사한 연구가 있습니다. 실험에 따르면 직경 95㎛ 이내의 바늘이라면 사람은 통증을 느끼지 않는다고 합니다.

모기 외에도 피를 빼는 벌레가 있지만 왜 주삿바늘의 모델이 되지 못했을까요? 예를 들어 등에에 쏘이면 강한 통증을 느낍니다. 거머리는 아프지 않지만 피를 빨아먹은 자국이 크게 남지요. 역시 모기의 피 빼는 솜씨를 따를 만한 게 없네요!

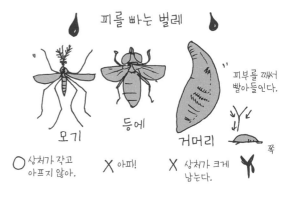

피를 빠는 벌레

피부를 째서 빨아들인다.

모기
○ 상처가 작고 아프지 않아.

등에
✗ 아파!

거머리
✗ 상처가 크게 남는다.

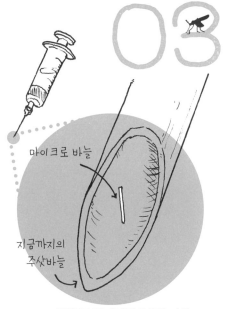

모기의 침을 모방하여
주삿바늘을 만들다!

모기의 침이 아프지 않다면, 모기처럼 가느다란 주삿바늘을 만들어 사용해도 아프지 않은 게 아닐까요?

대학에서 정밀공학을 가르치던 쓰치야 카즈요시 씨는 모기의 바늘을 모방한 주삿바늘 개발에 도전했습니다. 먼저 모기를 철저히 연구하는 것부터 시작했지요. 같은 대학의 의과대 교수와 학생들의 도움을 얻어 마침내 주삿바늘 개발에 성공했습니다.

마이크로 바늘

지금까지의 주삿바늘

마이크로 바늘은 일반 주삿바늘 속에 쏙 들어갈 만큼 작아!

바늘의 굵기 비교

900μm
아파!

200μm
별로 안 아프네?

50μm
전혀 안 아파!

지금까지 사용하던 주삿바늘

현재 가장 가느다란 주삿바늘인 '나노패스33'. 당뇨병 환자를 위해 만들었다.(일본의 오카노공업에서 개발)

쓰치야 카즈요시 씨가 개발한 마이크로 바늘

나노균 인터뷰!

무통 주사를 개발한
쓰치야 카즈요시 씨에게 들어 보겠습니다

중증 당뇨병 환자는 하루에도 몇 번이나 검사를 위해 피를 뽑아야 하고 약을 수사해야 합니다. 어쩌다 예방주사만 한 번 맞아도 아프고 무서운데, 하루에도 여러 번, 그것도 스스로 주사를 놔야 하니 얼마나 힘들고 괴로울까요. 환자 중에는 어린아이도 상당수를 차지합니다.

'주삿바늘의 괴로움을 조금이라도 줄일 수 없을까? 공학적인 기술로 무언가 도움을 줄 수 없을까?' 하는 생각이 들었지요. 주삿바늘을 개발하는 데까지는 성공했습니다. 이제는 실용화에 힘써야겠지요.

와~! 아프지 않네!

가늘면서도 튼튼하고 안전한 바늘에 도전하라!

이렇게 바늘이 가늘어지면 지금까지와는 다른 방법으로 주삿바늘을 제작해야 합니다.

쓰치야 카즈요시 씨는 정밀공학의 최첨단 기술인 '스퍼터 디포지션(Sputter deposition)'이라는 방법을 사용해 보기로 했지요. 우선, 굵기가 25~30㎛ 정도 되는 구리선과 티타늄 금속을 준비했습니다. 이 재료를 특수한 기계에 넣어 티타늄 알갱이(원자)를 구리선에 고루 분사했습니다. 티타늄으로 구리선을 코팅한 셈입니다. 그런 다음 구리선을 녹여 내면 아주 가느다란 티타늄 관이 완성됩니다.

이 방법을 사용하면 단면이 둥근 바늘뿐 아니라 단면이 다각형인 바늘도 만들 수 있다고 합니다. 단면이 다각형이면 단면의 면적이 줄어들어 통점을 자극하게 될 가능성이 한층 적어지겠지요. 티타늄은 강력한 금속으로 가늘어도 쉽게 구부러지지 않습니다. 모기의 바늘은 피부를 정확히 찌를 수 있는 톱날 모양의 구조지만, 사람은 그러한 구조 대신에 강력한 금속을 사용하여 문제를 해결했습니다. 게다가 티타늄은 우리 몸속 인공관절로 사용할 만큼 인체에 해롭지 않은 소재로 알려져 있습니다.

스퍼터 디포지션 방법

구리선에

티타늄 알갱이를
분사해서

티타늄으로
잔뜩 뒤덮은 후

구리선을 녹이고 나면
가느다란 관을 만들 수 있어!

지렁이를 모방한 펌프 기능

바늘에 압전재료(전기가 통하면 움직이는 물질)의 띠를 감싸서, 바늘에 진동을 전달한다. 이 띠가 펌프의 역할을 한다.

지렁이

마이크로 바늘의 펌프 기능

하지만 가느다란 바늘을 만든 것만으로는 충분하지 않았습니다. 일반 주삿바늘은 피스톤을 움직여서 약물을 넣거나 피를 뺍니다. 가느다란 바늘이라도 피스톤을 대신할 힘을 주지 않는다면 현실적으로 아무런 쓸모가 없는 셈이지요. 쓰치야 카즈요시 씨는 지렁이에서 힌트를 얻었습니다. 근육을 늘였다 줄였다 반복하며 앞으로 나가는 지렁이에 영감을 얻어, 마이크로 펌프로 감싼 마이크로 바늘을 만드는 데 성공했습니다. 이 펌프의 힘을 조절하여 바늘 안에 흘러가는 액체의 양을 미묘하게 조정하거나 흘러가는 방향을 바꾸는 것도 가능합니다. 아직 개발 단계이긴 하지만, 모기와 지렁이가 차세대 주삿바늘의 스승이라니 놀랍습니다.

03

미래에는 가능할지 몰라!

언제 어디서든 아프지 않게!

손목시계 모양의
'채혈·투약 워치'만 있으면
언제 어디서나 간편하게 안심 케어!

채혈

투약

의사

간편한 손목시계형
채혈, 투약 시스템

당뇨병 환자

펌프 기능이 있는 바늘을 부착한
미래의 주사기는 이런 모양이야!

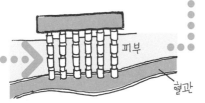

피부

혈관

압정 모양의 주사기가 개발 중에 있다.
이 주사기를 손목시계처럼 차고 있으면
자동으로 채혈해 검사하며, 적정한 양의
약을 주입해 주는 꿈의 주사기다.

마이크로 바늘을 사용하면 환자는 통증을 못 느끼겠죠. 또 기계에서 채혈한 혈액의 검사 정보가 담당 의사에게 전송되고, 그 결과를 확인한 의사가 약을 처방하면 이를 손목의 기계가 수신해 처방대로 환자에게 약을 주사하는 시스템이죠. 모든 과정이 자동이고 환자는 통증을 전혀 느끼지 않는다니 정말 실현된다면 환자들에게 분명 큰 도움이 되겠네요!

당뇨병 환자가 손목시계처럼 손목에 두르고 있으면, 정해진 시간에 자동으로 채혈을 하고 혈당검사를 합니다. 쓰치야 카즈요시 씨는 어서 빨리 그런 기계가 개발되기를 바라고 있습니다.

제법
잘한다~

엣~

* 이 외에도 오오야기 세이지(간사이대학 시스템이공학부 교수)가 모기를 응용한 주사기를 개발 중이다. 실리콘으로 만든 모기의 침처럼 생긴 톱니를 이용해 미세한 진동으로 찌르는 방식이다.

옷이나 털에 붙어도 뗄 수 있어요. 다시 붙일 수도 있고요!

식물의 가시는 대단해요!

벨크로테이프(찍찍이)

식물의 가시에서
배운 기술

들판이나 산길을 걷다 보면 어느새 식물의 열매나 씨앗이 옷에 붙어 있는 것을 볼 수 있어요. 우엉과 도꼬마리와 같은 식물은 열매나 씨앗에 갈고리 모양의 가시가 있어 옷이나 털에 잘 달라붙는답니다.

이런 식물의 전략은 동물이나 사람의 옷에 달라붙어서 이동하는 것이지요. 다리가 없어도 지나가는 동물에 붙어 멀리까지 갈 수 있으니, 식물의 가시는 정말 대단해요!

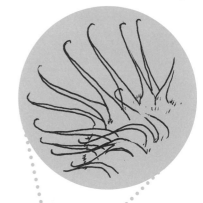

뾰족한 가시 끝에 갈고리가!

1940년대 어느 날 스위스인 조르주 드 메스트랄(George de Mestral)이 애완견을 데리고 사냥하러 나갔습니다. 산길의 우거진 풀을 헤치고 가다 보니 자신의 옷과 개의 털에 식물의 씨앗과 열매가 잔뜩 달라붙고 말았지요. 보통 사람이라면 투덜대며 툭툭 털어 버리고 말았겠죠. 하지만 메스트랄은 달랐습니다. '어떻게 달라붙었을까?' 하고 신기하게 생각했죠. 그리고 현미경으로 그 씨앗에 붙어 있는 뾰족한 가시들을 확대해 보았습니다. 그랬더니 웬걸, 가시 끝이 갈고리 모양인 거예요. 이 갈고리가 옷의 섬유와 개의 털에 걸려서 붙어 있던 것이지요.

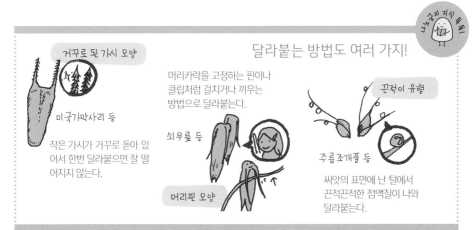

나 구의 지식 톡톡

달라붙는 방법도 여러 가지!

거꾸로 된 가시 모양

미국가막사리 등

작은 가시가 거꾸로 돌아 있어서 한번 달라붙으면 잘 떨어지지 않는다.

머리카락을 고정하는 핀이나 클립처럼 걸치거나 끼우는 방법으로 달라붙는다.

쇠무릎 등

머리핀 모양

끈적이 유형

주름조개풀 등

씨앗의 표면에 난 털에서 끈적끈적한 점액질이 나와 달라붙는다.

우연한 발견에서 세기에 남을 대발명이 탄생하다!

뾰족한 갈고리 모양을 발견한 메스트랄은 '갈고리 모양을 본떠서 시트를 만들면 쉽게 붙였다 뗐다 할 수 있지 않을까?' 하고 생각했습니다. 하지만 생각대로 쉽게 진행되지는 않았지요. 당시 메스트랄의 아이디어는 그다지 주목받지 못했고 오히려 비웃음을 사기도 했습니다.

하지만 메스트랄은 포기하지 않았습니다. 직물공장의 직원들과 섬유제조업자의 도움을 얻어 마침내 특허를 취득하고 완제품을 만들기에 이릅니다.

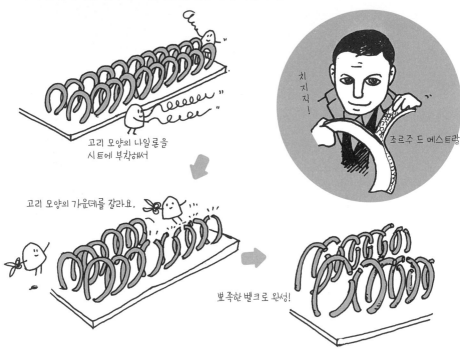

고리 모양의 나일론을
시트에 부착해서

치지직!

조르주 드 메스트랄

고리 모양의 가운데를 잘라요.

뾰족한 벨크로로 완성!

행운도 따랐습니다. 그가 개발을 시작하기 전인 1937년에 나일론이라는 소재가 개발된 것입니다. 그는 이 새로운 소재를 이용해 제품의 형태를 갖출 수 있었습니다. 아이디어를 실현하기 위한 적절한 소재가 없었다면 그저 꿈같은 이야기에 지나지 않았겠지요.

개발 과정에서 해결해야 할 문제도 많았습니다. 실을 어떻게 배치해야 달라붙는 힘이 세질지 많은 고민이 따랐습니다. 나일론을 실처럼 가늘게 짜는 일도 쉽지는 않았습니다. 수많은 어려움을 극복하고 마침내 1955년에 완제품이 발매되기 시작했습니다. 그 후로 지금까지 우리 삶에 깊숙이 자리 잡고 있답니다.

세계 곳곳에서 사용되고 있어요!

이 제품은 사용하기 편리하다는 장점 때문에 빠른 속도로 세계에 퍼져 나갔습니다. 유럽과 미국에서는 메스트랄이 세운 회사의 상표인 '벨크로®'라는 이름으로 알려졌지만, 일본에서는 '매직테이프®'(쿠라레이 등록상표)라는 이름으로 더 친숙하지요.

일본에서 이 테이프가 널리 알려지게 된 계기는 신칸센 때문입니다. 1964년에 개통된 도카이도 신칸센의 좌석 커버를 고정하는 데 사용하면서 매직테이프의 존재와 편리성을 많은 사람이 알게 되었습니다.

참고로 '벨크로(velcro)'라는 이름은 프랑스어로 벨벳을 뜻하는 '벨루어(velours)'와 갈고리를 뜻하는 '크로셰(crochet)'를 합쳐서 만든 말입니다. 매직테이프라는 이름은 '마법(magic)의 테이프'라는 뜻으로 붙인 이름이지요. '벨크로테이프'나 '매직테이프'는 기업에서 붙인 제품명입니다. 일반적으로 '찍찍이'라고 부르죠. 그 외에 '훅 앤 루프(hook and loop)'나 '터치 파스너(touch fastener)'라는 명칭을 쓰기도 합니다.

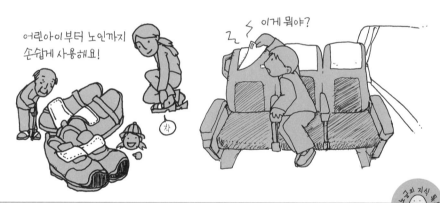

조르주 드 메스트랄의 발명 이야기

메스트랄이 벨크로를 개발하게 된 데에는 재미있는 뒷이야기가 있어. 어떤 이야기인지 한번 들어 볼까?

"아내가 파티에 갈 준비를 하며 드레스를 입으면, 그때마다 내가 등에 달린 훅을 잠가 준다네. 이 훅을 잠그는 일이란 게 시간도 오래 걸리고 보통 귀찮은 일이 아니야. 그래서 더 간단한 방법이 없을까 예전부터 고민하던 차에 옷에 달라붙는 열매를 발견하고 아이디어가 번쩍 떠올랐지!"

메스트랄은 어린 시절부터 호기심이 많고 발명을 좋아해 열두 살 때 비행기 장난감을 만들어서 특허를 낸 적도 있대.

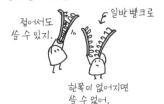

양면 벨크로는 양쪽 모두 사용해.

접어서도 쓸 수 있지.

일반 벨크로

한쪽이 없어지면 쓸 수 없어.

양면 벨크로

한쪽은 고리, 다른 쪽은 올가미 형태인 일반 벨크로

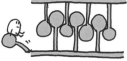

둥근 버섯 모양

고리 모양을 뾰족하게 만들어 잘 달라붙게 한 벨크로

고리를 버섯 모양으로 만든 벨크로

버섯처럼 생겼네.

벨크로는 고리(hook)와 올가미(loop) 모양으로 이루어지는데, 이들 형태나 조합을 바꿔서 붙는 힘을 조절하거나 용도에 맞게 편리성을 더하기도 한다.

800℃까지 견디는 금속제품 등 재질과 형태가 다양한 벨크로!

벨크로는 자연을 모방해 개발한 제품 중에서도 대표적인 발명품으로 지금도 용도에 맞는 다양한 형태가 개발되고 있습니다. 소재도 나일론만이 아닌 여러 종류의 재질로 제작되고 있지요.

벨크로의 강도 역시 용도에 따라 다양합니다. 예를 들어 벨크로테이프로 고정한 짐을 가로세로 1cm 면적당 60kg에 해당하는 힘으로 잡아당긴다 해도 끊어지거나 풀어지지 않는 강력한 벨크로도 있습니다. 내열 온도가 800℃나 되는 금속 벨크로도 있다고 하네요.

신발 끈이나 가방의 입구, 커튼을 고정하거나 옷소매를 여미는 등 용도가 매우 다양해서 조금만 눈을 돌리면 여기저기에서 활약하고 있는 모습을 찾아볼 수 있습니다. 무중력 상태인 우주에서는 물체가 떠다니지 않도록 고정하는 데 꼭 필요하다고 합니다.

개선해야 할 것이라면 탈부착할 때 소리가 나고, 작은 먼지가 붙으면 붙는 힘이 약해진다는 점입니다. 이런 점이 개선된 벨크로가 나온다면 더는 바랄 게 없겠네요.

놀랄 만큼 튼튼해!
평범한 끈이 아니야. 벨크로가 달린 끈이라고. 몇 번이나 쓸 수 있고 탈부착도 간단하지. 게다가 엄청나게 튼튼하다구!

옮기기 힘든 형태의 물건도 한꺼번에 묶어서 옮길 수 있지.

가~득!

단단히 고정시킬 수 있어!

활용할 곳이 무한대!
벨크로는 진화 중!

05

거북복은 대단해요!

효율성 높은 자동차의 차체   거북복에서 배운 기술

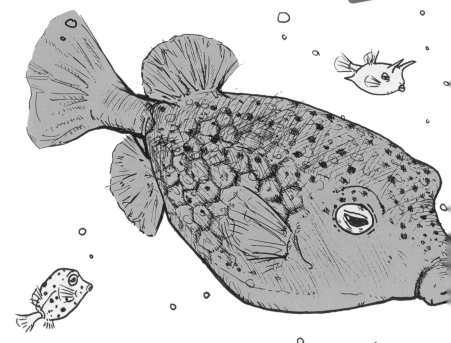

"빠른 속도로 헤엄치는 물고기는?" 하고 물었을 때 이 물고기를 떠올리는 사람은 아마 없을 거예요. 거북복은 놀랍게도 보기와 달리 매우 재빠르답니다. 거기다 온몸이 튼튼한 골판으로 뒤덮여 있어 자신을 잘 보호할 수도 있고요. 귀여운 외모 속에 이런 능력이 숨겨져 있다니, 거북복은 정말 대단해요!

주로 가슴지느러미를 사용하면서 다른 지느러미도 같이 움직인 덕분이에요!

몸길이의 6배

00:01
1초 후!

거북복이
돌고래보다 빠르다고?

몸길이의 4~5배

삥!

속도를 비교하기 위해 거북복을 돌고래만 한 크기로 바꿔 볼게요~!

출발~!

00:00

돌고래

거북복

거북복은 따뜻한 바다에 사는 물고기입니다. 영어 이름은 박스피쉬(boxfish)로 이름하고 똑같이 생긴 물고기이지요. 종류에 따라 10cm 전후에서 40cm까지 크기도 하지만 대체로 큰 몸집의 물고기는 아니랍니다. 참치나 가다랑어처럼 먼 곳까지 돌아다니지 않고 주로 같은 장소에서만 살기 때문에 움직임도 느릴 것 같은 귀여운 인상의 물고기입니다.

그런데 웬걸, 사실 거북복은 매우 빠르게 헤엄치는 물고기랍니다. 거북복은 몸을 유연하게 움직이지는 못해요. 몸 전체가 골판으로 덮여 있기 때문이지요. 마치 딱딱한 갑옷을 입은 것 같은데 지느러미를 능숙하게 움직이며 헤엄칩니다. 천천히 움직일 때는 가슴지느러미와 뒷지느러미를 사용하고 순간적으로 속도를 낼 때는 가슴지느러미, 등지느러미, 뒷지느러미, 꼬리지느러미를 동시에 사용하죠. 순간적인 속도를 냈을 때 거북복의 최고 속도가 돌고래보다 빠르다면 믿어지나요? 하지만 정말입니다. 거북복이 돌고래보다 정말 빠르다고 하네요.

크기와 상관없이 생물의 헤엄치는 속도를 비교하기 위해 1초에 자신의 몸길이의 몇 배를 헤엄치는지를 비교하는 방법이 있습니다. 이 방법으로 계산했을 때, 돌고래가 4~5라고 하면 거북복은 무려 6이라는 수치가 나옵니다. 즉, 1초에 자기 몸길이의 6배나 되는 거리를 이동한다는 말이지요!

육각형 골판 1장

거북복의 골격

어쿠—! 잡아먹으려고 해도 넘 딱딱해!

이때다! 도망가야지~!

아야야야~!
ㄹㄹㄹㄹ..

갑옷처럼 딱딱한 골격을 갖고 있어요!

또 하나의 특징은 골판입니다. 거북복의 몸은 육각형의 골판으로 빈틈없이 덮여 있습니다. 튼튼한 골판으로 몸을 보호하고 있어 산호초에 부딪혀도 다치지 않지요. 적에게 공격을 당해도 잡아먹기가 힘들어서 도망칠 기회를 얻기도 한답니다. 보기와는 다른 거북복의 능력에 감탄하지 않을 수가 없네요.

안전하고 효율적인 자동차 모델로 안성맞춤!

거북복의 숨겨진 능력에 주목한 회사가 있었습니다. 독일의 자동차 회사인 메르세데스 벤츠였습니다. 새로운 형태의 자동차를 찾던 그들에게 거북복은 생각지도 못했던, 하지만 너무나도 적합한 자동차 차체의 모델이었던 것입니다.

순간적이긴 해도 거북복이 놀랄 만큼 빠른 속도로 헤엄친다는 사실은 거북복의 형태가 상상 이상으로 물의 저항을 받지 않는다는 증거이기도 합니다. 또한 거북복이 상자 모양이라는 점이 결정적인 이유였습니다. 자동차는 빠르기만 해서는 안 됩니다. 경주용 자동차가 아닌 일반 자동차는 사람이 타거나 짐을 싣는 일도 많으므로 차체가 넓어야만 합니다.

게다가 거북복의 튼튼한 골판 역시 자동차 개발자들에게 흥미로운 구조였습니다. 쉽게 찌그러지지 않는 튼튼한 차체를 만들 수 있다면 사람의 생명을 지킬 수도 있을 테니까요.

생물과 자동차의 이상적인 조합을 위한 실험과 도전

이 자동차의 개발과 설계에는 디자이너뿐 아니라 생물학자들도 참여하여 여러 가지 실험과 연구를 거듭했습니다.

먼저 거북복의 몸 형태를 단순화하여 기본형을 만들었습니다. 그리고 공기 저항을 어떻게 받는지 실험해 보았지요.

자동차는 물고기가 아니기 때문에 지느러미는 필요 없습니다. 지느러미가 하는 일은 엔진이나 핸들, 자동차 바퀴의 역할이지요. 거북복의 형태에서 지느러미를 떼고 자동차 모양으로 조금씩 변화시키면서 더욱 세심하게 공기의 흐름을 관찰했습니다. 그런 식으로 점차 차체에 가까운 모델을 만들어 실험을 반복하면서 자동차의 몸체로 적합해질 때까지 튼튼하면서도 가벼운 골격을 만들어 갑니다. 자동차가 무겁지 않아야 연료를 절약할 수 있기 때문입니다.

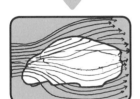

거북복 형태 모형
거북복의 지느러미와 꼬리를 떼고 단순화시켜서 모형을 만든다.

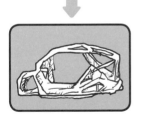

점토로 만든 차체 모형
모형을 더 자동차에 가까운 형태로 만들어 자동차에 닿는 공기의 흐름을 관찰한다.

자동차 뼈대 모형
공기 저항 시뮬레이션을 반복하며 공기 저항이 적은 곳은 더 깎아 내고, 저항을 받는 부분은 더 보완하여 필요한 부분만을 남긴 최소한의 차체 골격을 만든다. 이러한 방법을 소프트 킬 옵션(soft kill option)이라고 한다.

실제 자동차
달리는 차체 주변에 공기가 어떻게 흐르는지 알아보는 풍동실험을 한 결과, 이제까지의 소형차보다도 공기가 효율적으로 흐르는 것을 확인했다.

2005년 오터쇼

거북복을 본떠서 만든 '바이오닉카'가 화제를 몰고 오다!

2005년 6월 7일, 벤츠의 새로운 회사인 다임러 크라이슬러는 기술전시회에서 이 자동차를 발표하여 모두의 시선을 끌었습니다. 양산(상품화하여 대량 생산하는 것)을 목적으로 한 자동차가 아닌 콘셉트카(개발 중인 자동차)이기 때문에 이 자동차에 특별한 이름을 붙이지는 않았습니다. 이름 대신 '메르세데스 벤츠의 바이오닉카(생물을 모방한 자동차)'라고 부르며 벤츠사의 개발 방침과 이념을 담고 있는 자동차라고 소개했지요. 상품화되지는 않았지만 미래 사회와 환경을 생각한 자동차를 개발했다는 점에서 모두의 주목을 받았답니다.

나노군의 지식 볼펜

토마스 웨버

잉고 치른기블

토마스 훈트

누가 개발했을까요?

"하필이면 이렇게 투박한 물고기가 에너지 절약과 유선형 자동차의 본보기가 될 줄은 꿈에도 몰랐답니다." 자동차 개발부장인 토마스 웨버(Thomas Weber)는 이런 말을 했다고 해.

디자인은 토마스 훈트(Thomas Hundt)와 잉고 치른기블(Ingo Zirngibl)이 맡았어. 자동차를 보러온 사람들에게 거북복을 본떠 만들었다는 강한 인상을 남기기 위해, 그들은 자동차만큼 커다란 거북복 모형을 만들어 자동차 옆에 나란히 전시하는 장난스러운 아이디어를 내기도 했지. 이 자동차가 화제가 된 배경에는 이러한 연출력도 한몫했단다.

044

* 거북복 모양 콘셉트카의 뒤를 이어 연료전지와 하이브리드 엔진을 장착한 새로운 콘셉트카, 'BlueZERO E-CELL PLUS'가 양산을 위해 개발 중이라고 한다.

미래에는 가능할지 몰라!

생물을 본떠서 만든 미래의 탈것

알바트로스 비행자동차
페달을 밟으면 날갯짓을 하
며 활공할 수 있어. 하늘을
나는 미래형 자동차라다.

20XX년 오터쇼

캣츠카
좁은 곳도
문제없어!

달걀형 자동차
충격에 강한 달걀 모양을
모방해서 만들었어.
잘 부서지지 않고
공기 저항도
적은 자동차라다.

지네자동차
여러 개의 바퀴를 자유롭게 움직이며 울퉁
불퉁한 길도 척척 올라간단다. 직진하거나
옆으로 회전할 수도 있어.

캥거루형 자동차 의자
의자에 앉으면 걸을 때와
시선의 높이가 같아지지.
옆에 달린 발을 살짝 쥐기
만 하면 뒤에서 밀지 않아
도 앞으로 간단다.
사람과 나란히 걸을 수
있다는 게 가장 큰
장점!

최초 모델
(2003년)

차체뿐이 아닙니다. 자동차의 연료도 석유에만 의
존하는 것이 아닌 바이오 연료나 태양광, 수소나 전기
로 움직이는 자동차 등 환경을 생각한 다양한 개발과
연구가 급속도로 진행되고 있습니다.

이제 사람과 자동차는 미래를 위해 좀 더 바람직한
방법을 생각해야 하는 상황에 직면했습니다. 생물의
지혜를 배우는 자세는 앞으로 더욱 중요해지고 미래
의 문제를 해결할 수 있는 열쇠가 될지도 모릅니다.

외모로 판단하지

마세용~!

소리를 내지 않고 잽싸게 날아다녀요!

올빼미는 대단해요!

조용히 주행하는 신칸센의 팬터그래프

올빼미에서
배운 기술

칠흑처럼 어두운 산속, 한밤중의 사냥꾼 올빼미가 나무 위에 앉아 눈동자를 빛내고 있습니다. 잽싸게 날아 땅 위의 먹잇감을 향해 돌진하더니 날카로운 발톱으로 휙 낚아챕니다. 엄청난 속도로 날아가는데 날갯짓 소리가 거의 들리지 않네요. 그래서 작은 동물들이 알아채지 못하게 덮칠 수 있나 봅니다. 올빼미는 정말 대단해요!

올빼미의 날개

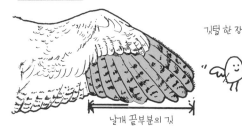

날개 끝부분의 깃

깃털 한 장

이 부분이 톱니처럼 뾰족해!

올빼미의 날개 끝부분의 깃털은 가장자리가 톱니처럼 뾰족하다. 다른 새에서는 이런 톱니 모양 깃털을 찾아볼 수 없다.

조용한 날갯짓의 비밀은 톱니 모양의 깃털에!

올빼미는 먹잇감을 잡기 위해 세차게 돌진합니다. 그만큼 날갯짓 소리도 커질 것 같지만 실제로는 매우 조용하답니다. 왜 그럴까요? 깃털에 그 비밀이 숨어 있습니다. 자, 위의 날개 그림을 잘 보세요. 색이 칠해진 부분(날개 끝부분의 깃)의 가장자리는 톱니처럼 뾰족한 모양을 하고 있습니다. 새가 날갯짓을 하면 날개 주변에 공기의 소용돌이가 생기는데 소용돌이가 크면 날갯짓 소리도 커집니다. 그런데 올빼미는 톱니 모양의 깃털이 공기 중에 작은 소용돌이를 만들어서 큰 소용돌이가 생기지 않게 한답니다.

일반적인 새가 날갯짓을 할 때

// 퍼덕퍼덕 \\

날개에 닿은 공기가 옆으로 퍼지면서 커다란 소용돌이를 만든다. 이 소용돌이가 공기를 세게 진동시키면서 '퍼덕 퍼덕 푸드득 푸드득' 소리를 낸다.

소용돌이가 크면 소리도 커진대다~

소용돌이가 내는 소리였구나!

올빼미가 날갯짓을 할 때

휘

뱅글뱅글

소용돌이가 작으면 큰 소리가 나지 않지!

날개의 뾰족한 톱니 사이를 통과한 공기가 작은 나선 모양의 소용돌이가 되어 날개 가까운 쪽으로 이동한다.

어떻게 하면 빠르면서도 조용하게 달릴 수 있을까?

속도가 시속 300km를 넘으려면……?

나카쓰 에이지

JR니시니혼에서 신칸센 개발을 맡고 있던 나카쓰 에이지 씨에게는 고민이 하나 있었습니다.

이제까지의 신칸센은 시속 200km 대로 주행했지만, 이보다 더 빠른 시속 300km 이상으로 주행하는 신칸센을 개발하는 중에 커다란 난관에 부딪혔습니다. 그사이 기술이 발전해 더 빠른 신칸센을 개발하는 일은 어렵지 않았습니다.

신칸센이 고속으로 주행하려면 소음 문제를 해결해야 했다.

하지만 일본의 엄격한 소음 기준을 통과하는 일이 문제였습니다. 일반 열차는 바퀴와 레일이 부딪치며 생기는 철거덩거리는 소리가 가장 시끄럽지만, 신칸센은 고속으로 주행하는 탓에 공기를 뚫고 지나가는 소리가 가장 시끄러웠습니다.

나카쓰 에이지 씨는 큰 소음이 나는 신칸센 지붕 위의 팬터그래프(pantagraph, 전차 또는 전기 기관차의 지붕 위에 달아 전선에서 전기를 끌어 들이는 장치)에 주목했습니다. 팬터그래프의 형태를 다양하게 바꿔 가며 소음을 줄이려는 노력을 기울였습니다. 하지만 좀처럼 소리가 소음 기준 이하로 줄어들지 않았지요. 기둥 부분에서 소음이 발생했기 때문입니다.

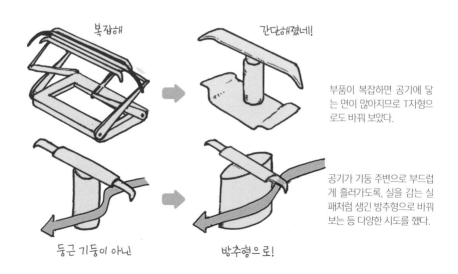

복잡해

간단해졌네!

부품이 복잡하면 공기에 닿는 면이 많아지므로 T자형으로도 바꿔 보았다.

둥근 기둥이 아닌

방추형으로!

공기가 기둥 주변으로 부드럽게 흘러가도록, 실을 감는 실패처럼 생긴 방추형으로 바꿔 보는 등 다양한 시도를 했다.

이렇게 다양한 노력을 기울이는 한편 독특한 실험에도 도전했습니다.

개발을 시작한 1990년 '들새 연구회' 모임에 참석한 나카쓰 에이지 씨는 비행기 설계기술자인 야지마 세이이치 씨에게 소음에 대한 고민을 털어놓았습니다. 그러자 그는 새 중에서 가장 조용히 비행하는 새가 올빼미라는 사실을 알려 주었지요.

나카쓰 에이지 씨는 곧바로 산비둘기와 올빼미의 박제품을 동물원에서 빌려와 실험을 시작했습니다. 실험 결과 산비둘기의 날개 끝에서는 공기가 크게 흐트러졌고 그때 생기는 공기 소용돌이가 소음을 발생시키는 원인이 된다는 것을 알게 되었습니다. 날개깃에 톱니 모양이 있는 올빼미의 날개는 공기가 원활하게 흘러갔지요.

소용돌이가 작으면 소음이 나지 않아!

팬터그래프 역시 새의 날개처럼 공기와 부딪히면서 생기는 커다란 소용돌이가 소음의 원인이었습니다. 나카쓰 에이지 씨는 올빼미처럼 작은 소용돌이를 만들어 큰 소용돌이가 생기는 걸 방지하면 소음이 나지 않을 거라고 생각하고는 팬터그래프의 기둥에 돌기를 부착해 보았습니다. 여러 형태의 돌기로 실험을 거듭한 결과, 드디어 성공! 작은 소용돌이로 큰 소음을 줄일 수 있었습니다.

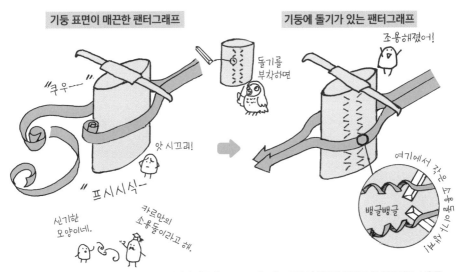

표면이 매끈하면 공기가 기둥에서 멀리 퍼지기 때문에 양옆으로 커다란 소용돌이가 생긴다. 이 소용돌이가 공기를 진동시켜 소음이 커진다.

지그재그 모양의 돌기에 공기가 닿으면 작은 소용돌이가 생기면서 기둥을 따라 공기가 흐른다. 뒤쪽에서 큰 소용돌이로 변하지 않아 소리가 나지 않는다.

터널 소음이
새로운 문제로 등장!

이렇게 문제 한 가지는 해결했지만, 시속 300km로 주행하는 신칸센의 문제는 팬터그래프의 소음만이 아니었습니다.

나카쓰 에이지 씨의 연구팀이 개발하려는 신칸센은 도쿄에서 하카타 구간을 운행하는 열차였습니다. 구간 중 신오사카에서 하카타까지는 대부분이 산악지대로 절반 이상은 터널을 통과해야 했습니다. 세계에서 터널이 가장 많은 구간이지요.

열차가 터널을 고속으로 통과하면 출구에서 천둥처럼 커다란 굉음이 발생했습니다. 열차가 터널 안의 공기를 앞으로 누르면서 압축된 공기가 큰 파도처럼 치솟아 터널 밖으로 한꺼번에 밀려 나오기 때문입니다. 이 소음을 방지하려면 열차 앞부분의 모양을 개선해야만 했습니다.

터널에서 굉음이 발생하는 이유

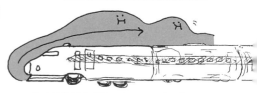

앞이 트인 넓은 곳을 고속으로 주행할 때는 신칸센이 밀어내는 공기가 주변으로 흩어진다.

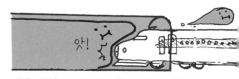

좁은 터널을 지나면 공기가 흩어지지 않고 압축된다.

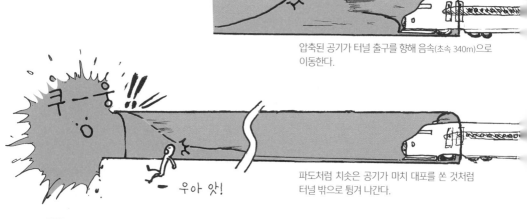

압축된 공기가 터널 출구를 향해 음속(초속 340m)으로 이동한다.

파도처럼 치솟은 공기가 마치 대포를 쏜 것처럼 터널 밖으로 튕겨 나간다.

물총새,
너도 대단하구나!

물총새의 부리와 똑같아요!

그때 나카쓰 에이지 씨의 머리에 떠오른
것은 물속에 뛰어들어 물고기를 잡는 물총
새였습니다. 물총새는 저항이 센 물속으로
세차게 뛰어들면서도 물보라를 거의 일으키
지 않습니다. 가늘고 긴 유선형의 부리가 물
속으로 뛰어들 때 충격을 없애 주기 때문이
지요.

나카쓰 에이지 씨의 연구팀은 오랜 시간
을 들여 슈퍼컴퓨터로 가장 적합한 형태를
계산해서 모형을 제작했습니다. 놀랍게도
그 모형은 물총새의 부리와 딱 맞아떨어졌
습니다.

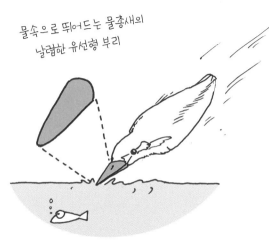

물속으로 뛰어드는 물총새의
날렵한 유선형 부리

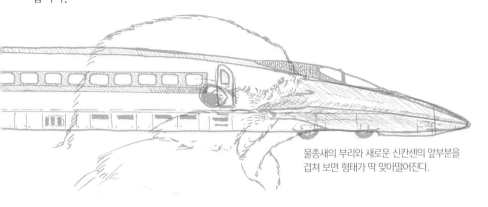

물총새의 부리와 새로운 신칸센의 앞부분을
겹쳐 보면 형태가 딱 맞아떨어진다.

드디어 시속 300km로 달려도 조용한 신칸센 탄생!

올빼미의 날개를 본떠서 개발한 팬터그래프와 물총새 부리와 똑같이 생긴 선두 차량을 장착한 신칸센은 일본의 철도 역사상 처음으로 시속 300km를 넘는 속도로 주행하기 시작했습니다. 나카쓰 에이지 씨의 연구팀이 개발을 시작한 지 7년이 지난 1997년의 일입니다.

이 신칸센이 바로 '500계 신칸센'입니다. 마치 비행기처럼 날렵한 유선형 자태에 많은 사람이 매혹되었습니다. 이후에 더욱 새로워진 신칸센 'N700계'가 개발되어 시속 300km로 달리는 역할은 N700에 양보했지만, 500계 신칸센은 지금도 오사카에서 하카타 사이를 고속으로 주행하고 있답니다.

팬터그래프를
5량과 13량
두 곳에 설치했다.

빠르고 조용해!

멋져요!

축 500계 탄생!

500계 신칸센을 개발한 나카쓰 에이지 씨에게 들어 보겠습니다

나노급 인터뷰!

이 프로젝트를 시작할 무렵에는 '이건 공기와의 싸움이다!'라는 생각이었습니다.

하지만 올빼미의 날개에서 힌트를 얻고 물총새가 물속으로 뛰어드는 모습에 감탄하면서 맨 처음 생각은 바뀌고 말았습니다. 자연은 승부를 내야 하는 상대가 아니며 오히려 자연에서 지혜를 얻어 문제를 해결해야 한다는 사실을 깨달을 것이지요.

『비행기설계론』(야마나 마사오, 나카구치 히로시 저)이라는 책에 '나무 한 그루, 풀 한 포기, 새 한 마리, 물고기 한 마리가 모두 우리의 영원히 빛나는 스승이다'라는 문장이 있습니다.

자연은 우리의 스승입니다. 생물은 오랜 시간 진화를 반복하며 살아남은 지혜를 지녔지요. 겸허한 자세로 자연을 관찰하다 보면 분명 문제를 해결할 대답이나 힌트를 얻을 수 있다고 확신합니다.

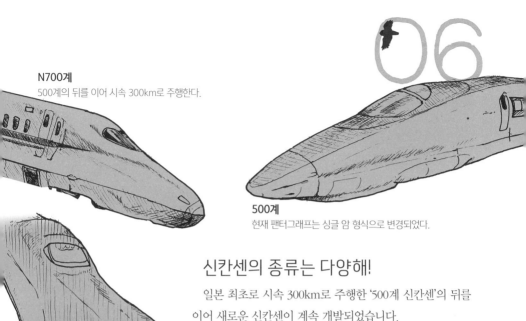

N700계
500계의 뒤를 이어 시속 300km로 주행한다.

500계
현재 팬터그래프는 싱글 암 형식으로 변경되었다.

신칸센의 종류는 다양해!

일본 최초로 시속 300km로 주행한 '500계 신칸센'의 뒤를
이어 새로운 신칸센이 계속 개발되었습니다.

800계
규슈 지역을 주행하는 신칸센으로
내부에 나무를 사용하여 멋을 더했다.

E5계
도호쿠 지역을 주행하는 최신형 신칸센으로
최고 속도 시속 320km로 주행한다.

0계

700계

앞모습이 귀여워!

오리너구리처럼 생겼네!

...!

팬터그래프도 진화 중!

최근에는 이런 형태를
많이 사용해.

조용하고 단순한 모양!

싱글 암 형식

역시 알아냈네~!

그게게 말이야!

싱글 암이란
팔이 하나만
달려 있다는 뜻이야!

꾸며도 보고
색칠도 해 봐요!

07

일부러 닦지 않아도 언제나 깨끗한 집!

달팽이는 대단해요!

더러워지지 않는 오염 방지 타일 ← 달팽이에서 배운 기술

달팽이는 등에 집을 짊어지고 다녀요. 밖에서 생활하면 집 껍데기가 더러워질 만도 한데, 달팽이 집은 일부러 닦지 않아도 항상 반들반들 깨끗하답니다. 어째서 항상 깨끗한 걸까요? 달팽이는 정말 대단해요!

달팽이 집의 껍데기는 보이지 않는 주름으로 가득해!

더러워진 달팽이 집을 본 적이 있나요? 아마 없을 거예요. 더러워지더라도 비가 조금만 오면 금세 깨끗해지죠. 반면에 사람이 지은 집이나 건물의 외벽은 비가 와도 깨끗해지지 않아요. 아니 오히려 청소를 해야 하죠. 달팽이 집 껍데기는 어떻게 저절로 깨끗해지는 걸까요? 그 비밀을 알아내기 위해 달팽이 집 껍데기를 관찰해 보았습니다.

달팽이는 태어날 때부터 껍데기를 지니고 있어요. 이 껍데기의 주요 재료는 몸속에서 나오는 단백질이나 칼슘이 포함된 액체(체액)랍니다. 달팽이가 성장하면 이 달팽이 집도 함께 커져요.

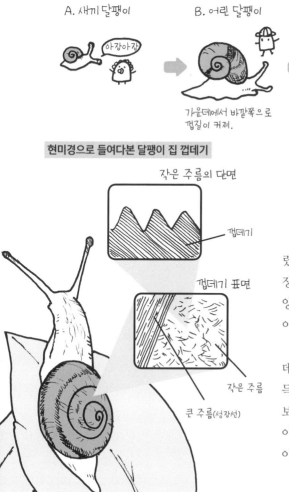

A. 새끼 달팽이

아장아장

B. 어린 달팽이

가운데에서 바깥쪽으로 껍질이 커져.

C. 어른 달팽이

어린 시절의 모양이 남아 있네.

이 선을 '성장선' 이라고 해.

현미경으로 들여다본 달팽이 집 껍데기

작은 주름의 단면

껍데기

껍데기 표면

작은 주름

큰 주름(성장선)

집 가운데 동글동글한 곳이 가장 어렸을 때 생긴 부분이에요. 달팽이가 성장하면 점점 바깥으로 커져 나이테 모양의 선(성장선)이 달팽이 집에 생겨요. 이 선은 눈으로도 확인할 수 있습니다.

하지만 이 선 말고도 달팽이 집의 껍데기 표면에는 보이지 않는 주름이 가득합니다. 전자현미경으로 관찰해야 보이는 아주 작은 주름이지요. 눈에 보이는 성장선 사이사이에 미세한 주름이 빽빽이 들어차 있답니다.

대화에서 아이디어를 얻고, 실험을 통해 알게 된 놀라운 사실!

달팽이 집 껍데기의 성분과 표면의 주름은, 항상 깨끗한 상태를 유지하는 것과 어떤 관계가 있을까요? 이것을 연구한 사람이 있습니다. 일본의 타일 제조 회사 이낙스(INAX)에서 기술개발과 연구를 맡고 있던 이스 노리후미 씨입니다.

어느 날 동료들과 이야기를 나누던 중 누군가가 무심코 "그러고 보면 달팽이한테 껍데기는 집인 셈이네요"라고 중얼거렸어요. 이 말을 듣고 처음에는 '그런가?' 하고 생각했지요. 하지만 이내 '정말 그렇구나! 달팽이는 스스로 집을 만들고 관리까지 하는구나. 어떤 특별한 비결이 숨겨져 있는 게 아닐까?' 하는 호기심이 생겼죠. 그는 곧 동료들과 함께 실험을 해 보기로 했습니다.

그러던 어느 날, 물속에서 기름방울을 부착하는 실험을 하던 중에 달팽이 껍데기에는 어떤 방법을 써도 기름방울이 달라붙지 않는다는 사실을 알게 되었습니다. '껍데기의 성분을 생각해 보면 달라붙지 않을 이유가 없는데……? 게다가 기름은 부착력도 강력하잖아?' 이스 노리후미 씨는 의아했지요. 달팽이 껍데기와 성분이 비슷한 방해석에는 달라붙는데, 달팽이 껍데기에는 왜 달라붙지 않았을까요? 달라붙기는커녕 일부러 붙이려고 꼭꼭 눌러도 기름이 껍데기에서 스르륵 흘러내리는 게 아니겠어요!

이 실험은 물속에서 작은 관을 통해 기름방울을 내보내는 방법을 사용했다. 공기 중에서는 달팽이의 껍질에도 일단 기름방울이 달라붙긴 하나 물을 끼었으면 쉽게 떨어진다.

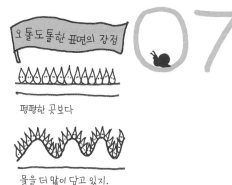

주름의 장점

오잉

꺄

싹

오톨도톨한 표면의 장점

평평한 곳보다

물을 더 많이 담고 있지.

언제나 물로 된 얇은 막을 두르고 있다!

실험 결과에 놀란 이스 노리후미 씨와 동료들은 연구를 계속했고, 기름방울이 달라붙지 않는 가장 큰 이유는 표면의 미세한 주름에 있다는 사실을 밝혀냈습니다.

껍데기는 체액, 말하자면 물로 만들어진 조직이므로 물과 친화력이 좋다는 사실은 이미 알고 있었습니다. 표면이 오톨도톨해서 물을 담는 면적이 커지고, 주름이 물받이 역할을 하면서 껍데기 전체로 물이 퍼져 나가는 것이라고 연구팀은 추측했습니다. 물론 주름 사이의 간격도 영향을 미치겠지요.

껍데기 성분은?

이산화규소와 탄산칼슘이야.

이산화규소는 실리카의 다른 이름이지.

이러한 표면 구조 덕분에 달팽이 집의 껍데기는 항상 촉촉하게 젖어 있습니다. 비가 오지 않아도 공기 중의 수분을 빨아들이죠. 어떤 종류의 달팽이는 흙의 성분 중 하나인 실리카(silica)를 주름에 머금고 있다고 합니다. 흙은 물과 친화력이 좋아 물을 더 많이 빨아들이기 때문입니다.

박사님, 알려주세요!

실리카가 뭐예요?

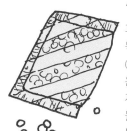

과자 봉지 안에 건조제가 들어 있는 걸 본 적이 있지? 건조제는 과자가 눅눅해지지 않게 습기(수분)를 빨아들이는 역할을 해. 아마 봉지에 실리카겔(실리카젤)이라고 써진 걸 본 적이 있을 거야. 실리카겔은 실리카 성분을 작은 입자로 만든 거야. 화학적으로 말하면 '이산화규소'라고 하지. 지구의 지각 성분에 많이 포함돼 있고 지표면의 돌에도 다량 포함돼 있어.

돌이 작게 부서져서 모래가 되고, 모래에 여러 생물의 사체 유기물이 혼합되면서 흙이 만들어지지. 흙은 지구에 생물이 존재하기 때문에 생성되는 거란다.

오염 물질이 물에 떠내려가는 소재와 구조

주름이 물을 머금고 있으면 왜 더러워지지 않는 걸까요? 앞에서 살펴본 연잎은 물을 튕겨 내서 오염 물질을 제거하지만, 달팽이는 물을 끌어당겨서 오염 물질을 제거합니다. 물을 튕겨 내는 성질을 '발수성'이라고 하고, 반대로 물을 끌어당기는 성질은 '친수성'이라고 합니다. 달팽이의 껍데기는 친수성이 매우 강하답니다.

이스 노리후미 씨와 함께 연구했던 이시다 히데키 씨는 달팽이 집의 껍데기가 키틴질(갑각질)로 된 얇은 막으로 덮여 있으며, 키틴질은 매우 친수성이 높다고 주장합니다.

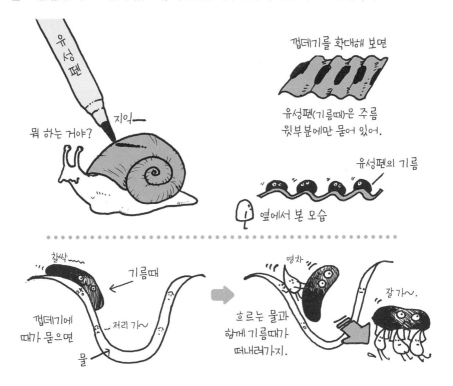

달팽이 집 껍데기의 메커니즘과 재질에 관한 과학적 해명은 아직 다 이루어지지 않았지만, 적어도 껍데기의 주름과 친수성이 중요한 열쇠일 거라는 점은 확실합니다.

친수성이 높으면 오염 물질과 껍데기 표면 사이에 물이 흘러들어 가서 오염 물질이 물 위로 떠오르고 물이 흘러나갈 때 오염 물질이 함께 떠내려갑니다. 껍데기에 오염 물질이 붙어 있는 힘보다 물이 끌어당기는 힘이 더 세기 때문이지요.

팔락 팔락

어쩌면 이 껍질의 노란색 막이 중요한 게 아닐까?

이시다 히데키 →

주름은 어떤 역할을 할까요? 예를 들어 매끈한 표면에 유성펜으로 무언가를 쓴다면 물로는 지울 수 없습니다. 하지만 달팽이 집 껍데기는 물로 가볍게 닦기만 해도 잘 지워집니다. 이렇게 지워지는 이유 중 하나가 주름입니다. 유성펜이 진하게 묻은 것처럼 보이지만, 실은 주름의 튀어나온 부분에만 유성 잉크가 묻어 있습니다. 주름에 묻은 유성 잉크와 껍데기 표면 사이에 물이 들어가서 잉크가 지워지는 것이지요.

'주름의 높은 곳에서 물이 흘러내릴 때 경사면에 붙은 오염 물질이 함께 떠내려가는 게 아닐까?' 이시다 히데키 씨는 주름의 기능에 관해 다른 추측을 해 보기도 했습니다. 달팽이 집 껍데기의 주름과 재질에는 아직 밝혀지지 않은 비밀이 숨겨져 있을지 모릅니다. 이러한 연구는 공교롭게도 1999년에 발표한 이낙스 사의 신기술을 강력하게 뒷받침하고 있습니다. 독자적으로 진행하고 있던 개발과 똑같은 현상이 자연에도 존재한다는 사실을 제품 개발 후에 알게 된 것입니다.

이낙스 사에서 신기술로 개발한 제품은 '오염 방지 타일'입니다. 정확히 말하면 쉽게 더러워지지 않으며, 물을 끼얹기만 해도 깨끗해지는 코팅을 입힌 타일, 또한 이러한 가공을 할 수 있는 스프레이입니다. 이 기술에는 '마이크로가드(Microguard)'라는 이름을 붙였습니다.

원래 타일은 잘 더러워지지 않지만, 도시 특유의 기름때가 묻는 것까지 방지할 수는 없습니다. 그래서 개발한 것이 타일 표면을 가공하는 기술입니다. 일반 타일의 표면에 친수성이 높은 특수한 실리카 입자를 뿌려서 층을 만든 다음 타일을 다시 한 번 구워서 웬만한 충격에

참 잘했어요!

고맙습니다!

고생했어요.

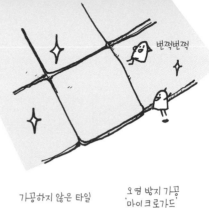

번쩍번쩍

도 벗겨지지 않는 내구성을 확보했지요. 불과 0.5㎛의 층이지만, 이 층이 달팽이의 주름과 똑같은 효과를 발휘한답니다. 이 가공을 한 외벽은 정전기도 일어나지 않고 공기 중의 오염 물질도 잘 달라붙지 않습니다. 비가 내리면 벽은 금세 깨끗해지지요. 건물 청소에 사용하는 세제와 물의 사용량을 줄일 수 있는 획기적인 기술입니다.

하지만 아직 해결해야 할 과제가 있습니다. 이 기술은 어디에서나 사용할 수는 없기 때문입니다. 예를 들어 주방에는 이 기술이 적합하지 않습니다. 기름기가 너무 많은 곳에서는 코팅이 효과를 발휘하지 못하기 때문입니다. 이런 장소에서는 또 다른 방법을 고안해 내야겠지요.

달팽이처럼 새로운 기술의 실마리를 보여주는 자연의 무언가가 지금도 바로 우리 곁에 존재하고 있지는 않을까요?

가공하지 않은 타일

매끈매끈

오염 방지 가공
'마이크로가드'

오돌도돌

← 실리카

때

때

나노균 인터뷰!

달팽이 집 껍데기를 연구한 이스 노리후미 씨에게 들어 보겠습니다

한 종류의 생물만이 아니라 '자연 전체의 순환'에서 무언가를 배우는 것이 중요합니다. 그 환경에 속해 있는 모든 것들, 즉 원소나 분자 혹은 물질을 얼마나 효율적으로 순환시키느냐가 중요하지요.

4,700년 전 이집트에서 사용한 타일이 아직도 보존되고 있다고 하네요. 이처럼 타일 자체에 내구성이 있는데도 현대사회에서는 건물 철거할 때 나오는 타일을 그대로 버리고 있어요. 이제는 버리고 싶지 않은 타일을 만들거나 재활용할 수 있는 시스템을 구축해야 할 때라고 생각합니다.

청소하지 않아야 깨끗하다고? 그런 날이 올까?

오염을 방지하는 방법 중에 광촉매라는 기술도 주목을 받고 있습니다. 빛이 닿으면 때가 분해되어 사라지는 매우 뛰어난 기술입니다. 단점이라면 빛이 없으면 작용이 일어나지 않는다는 것이죠. 하지만 달팽이는 그늘에서나 햇볕 아래서나 오염을 제거하는 효과가 그대로예요.

자연의 다양한 기술을 함께 적용해서 물이나 세제를 조금만 사용하고도 우리 마을, 우리 집이 깨끗해진다면 얼마나 편리할까요?

다른 비밀을

또 찾아볼까?

08

큰 물건도 한 번에 작게 접었다 폈다 할 수 있어요!

자연의 접기기술은 대단해요!

접고 펴기 쉬운 지도와 우주 건조물

자연의
접기기술에서
배운 기술

새로 돋아난 잎사귀나 크게 펼쳐지는 곤충의 날개는 대체 어디에 숨어 있다가 나오는 걸까요? 무당벌레나 투구벌레의 날개는 날아오르는 순간 넓게 펼쳐지고, 착지하는 순간엔 재빨리 접혀 들어가지요. 마치 마술을 부리는 것 같아요. 자연의 접기기술은 정말 대단해요!

파괴 실험을 하던 중에 아름다운 형태를 발견하다!

놀라지 마세요! 여기 잎사귀나 곤충의 날개에 뒤지지 않을 만한 접기 방법을 발견한 사람이 있습니다.

1960년대 미국의 나사(NASA)에서 미우라 코료라고 하는 일본인이 튼튼한 로켓을 개발하기 위해 파괴에 관한 연구를 하고 있었습니다. 그는 로켓 대신 종이로 만든 원통을 책상에 내리쳐서 찌그러뜨리는 실험을 반복하던 중 한 가지 사실을 깨달았습니다. 원통형 종이를 찌그러뜨릴 때마다 접히는 모양이 항상 똑같았던 것입니다.

원통형 종이를 찌그러뜨리면 항상 똑같은 패턴(모양)이 나온다는 것을 알게 됐다.

사실 이러한 패턴은 다른 설정의 실험을 통해 이미 알려진 사실이었습니다. 종이 재질이 아닌 금속으로 제작한 캔을 내리쳐서 찌그러뜨리면 안과 밖이 똑같이 구부러지면서 일정한 패턴이 나타나는데, 이를 '요시무라 패턴'이라고 합니다. 요시무라 요시마루가 발견해서 이런 이름이 붙여졌지요.

하지만 미우라 코료 씨의 탐구심은 한 발짝 더 나아갔습니다.

'주름이 자연스럽게 생긴다면, 아무리 큰 종이라도 그 주름대로 다시 접을 수 있지 않을까? 요시무라는 입체형을 찌그러뜨렸지만, 평면으로 바꿔서 생각하면 어떻게 될까?'

이런 발상 아래 자신의 직감과 손을 이용한 수작업, 그리고 컴퓨터를 이용한 치밀하고 수학적인 계산을 바탕으로 미우라 코료 씨의 시행착오가 시작되었습니다.

자연의 접기기술을 알게 해 준 마법의 '미우라 접기'

그렇다면 요시무라 패턴이 나타난 입체형 캔을 잘라 보겠습니다. 세로로 한 번 잘라서 펼친 후에 다시 한 번 잘라 두 장으로 나눕니다. 안팎으로 접힌 입체적인 모양이 보입니다. 어느 날 미우라 코료 씨는 캔의 바깥쪽(겉)과 안쪽(뒤)을 연결해서 이리저리 움직여 보던 중 새로운 사실을 발견했습니다. 접힌 선들이 어느 지점에선가 가지런히 연결된 것입니다.

게다가 그 모양은 매우 아름다운 형태(평행사변형)를 띠고 있었습니다. 중요한 힌트는 그곳에 나타난 접힌 선의 패턴이었습니다. '이 패턴을 연결하다 보면 평면으로 접을 방법을 찾을수 있지 않을까?' 여기서부터 또다시 도전이 시작되었습니다. 종이접기의 법칙(산 접기·계곡 접기)을 반복하며 넓게 연장해 나가는 것이 관건이었지요. 미우라 코료 씨는 수작업과 수식을 이용해서 마침내 실험에 성공했습니다!

찌그러뜨린다

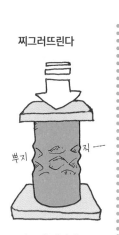

요시무라 패턴과 미우라 접기는 친구!
캔을 천천히 눌러서 찌그러뜨리면 규칙적인 모양으로 구부러지면서 일정한 패턴이 생긴다. 이 패턴을 발견한 사람의 이름을 따서 '요시무라 패턴'이라고 한다.

① ②

마름모의 가운데를 잘라서 두 장으로 만든다.

③

한쪽을 뒤집어서 겉면과 뒷면을 맞춰 본다.

④

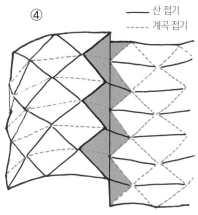

━━━ 산 접기
- - - - 계곡 접기

아름다운 패턴 등장!
두 장을 비스듬히 맞물리자 산 접기와 계곡 접기가 규칙적으로 이어지는 부분이 보이고 가지런한 평행사변형 패턴이 나타났다.

손을 베지 않도록 조심하세요!

놀라운 것은 이 방법을 사용해 접으면 대각선 방향으로 살짝만 잡아당겨도 쉽게 펼쳐지며, 반대로 다시 누르면 쉽게 접힌다는 점입니다. 억지로 구기지 않아도 커다란 종이를 작게 접을 수 있고 찢어지지도 않습니다. 이는 잎사귀나 곤충의 날개에서도 볼 수 있는 '마법의 접기'였지요. 영국 종이접기협회(British Origami Society)는 이 방법을 '미우라 접기'라고 이름 붙였습니다. 세계적으로 유명한 미우라 접기는 자연에 놀라운 접기기술이 숨어 있다는 사실을 우리에게 알려 주었답니다.

드디어 완성!

평면을 순식간에 접었다가 펼 수 있는 그 야말로 마법의 접기가 탄생했다. 산 접기와 계곡 접기의 조합이 핵심!

네 개의 평행사변형이 반복되는 '이중 물결 모양의 선 자국이 있는 펼침면'이 나타나지.

그게 무슨 말이에요?

이름을 '미우라 접기'로 하는 게 어때요?

미우라 접기
1980년 국제 지도제작자회의에서 발표된 이 접기 방법은 커다란 반향을 불러일으켰다. 이때 영국의 종이접기협회에서 '미우라 접기'라는 이름을 붙였다.

만들어 보아요!
미우라 접기

접기 포인트!

●◆★ 표시가 있는 부분은 중요한 곳이야!
④~⑥번에서 똑같은 각도로 접는 요령은 위아래의
선이 평행이 되도록 접거나, ⑤⑥번처럼 접은 선이
똑같이 맞아야 해!

3단×5열
미우라 접기
완성도

꼭 이렇게
접어야지~.

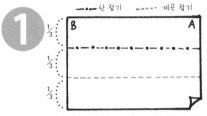

1

ᆞ— 산 접기   ᆞᆞᆞᆞ 계곡 접기

가로로 긴 직사각형의 종이를 삼등분하여 접는다.
접을 때 기준이 되도록 양쪽 끝에 A, B라고 써 놓는다.

2

(접은 상태에서) 가로를 5등분해 표시만 하고 **접지
는 않는다.** 다음은 ●표시로 이동.

3

B를 (●부분에서 접어) **앞쪽 A의 세로 2분의 1 지
점인 ◆부분에 B의 아래쪽 모서리를 맞춰 비
스듬히 접어 올린다.** 접은 종이 오른쪽 위에 C라
고 써 놓는다. 다음은 ★표시로 이동.

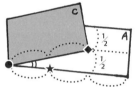

4

오른쪽 A면을 (★부분에서) **뒤쪽으로
접는다.** 왼쪽에 D라고 쓴다. ④~⑥
모두 같은 각도로 접는다.

5

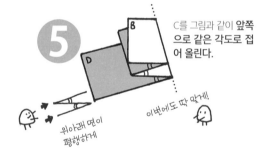

C를 그림과 같이 **앞쪽
으로 같은 각도로 접
어 올린다.**

이번에도 딱 맞게!

위아래 면이
평행하게

나노군 인터뷰!

미우라 접기를 고안한
미우라 코료 씨에게 들어 보겠습니다

'자연은 가장 간단한 형태를 추구한다'라는 법칙이 있습니다. 자연의 형태는
찌그러져도 가장 쉬운 방법으로, 즉 에너지를 가장 적게 소비하는 형태로 찌
그러집니다. 이때 나타나는 모양에 어떤 의미가 담겨 있지 않을까 하고 생각
했지요. 무엇보다 아름다운 모양으로 나타났기 때문입니다. 자연의 해답은 아
름답습니다. 이 아름다운 모양에 깊은 의미가 담겨 있다고 확신했지요. 이 확
신이 포기하지 않은 원동력이 되었습니다.
또 하나 중요한 사실은, 사물을 관찰할 때 조금 다른 각도와 시선으로 바라보

○단×○열의 수를 바꾸거나 접는 각도를 다르게 해도, 사각형이 아닌 원형 종이를 사용해도, 아래의 기본 접기 방법만 지키면 미우라 접기를 할 수 있어요. 여러분도 한번 도전해 보세요.

6 D를 뒤쪽으로 접는다.

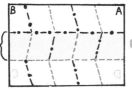

이번에도 똑같은 각도로 접어야 해.

딱 맞게! 딱 맞게!

7 다시 한 번 눌러서 접은 선을 확실히 표시한 후 종이의 끝을 잡고 펼친다.

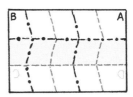

가장 바깥쪽을 잡고 펼치는 거야.

8 가운데 단의 접은 선을 반대(산 접기는 계곡 접기로, 계곡 접기는 산 접기로)로 한 번 더 접는다.

가운데 단의 접은 선을 다시 반대로 접어야 해.

세로로 접은 선이 똑같아진다.

9

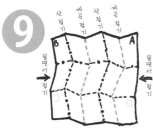

세로선을 따라 좌우에서 중앙으로 접는다.

가운데 단을 먼저 접으면 더 쉽게 접을 수 있다.

위아래 단을 화살표 방향으로 접는다.

위아래를 다 접으면, **접은 선이 확실해지도록 다시 한 번 눌러 준다.**

아야 한다는 점입니다. 미우라 접기 역시 겉에서만 관찰하지 않고 안쪽에서 바라보면 어떤 모습이 될까 곰곰 생각한 끝에 탄생하게 되었지요. 잎사귀나 곤충의 날개 같은 자연의 구조를 연구하다 보면, 언젠가 우주의 법칙도 알게 되지 않을까요?

캔의 다이아몬드 모양은 단순한 장식이 아니야

미우라 씨는 요시무라 패턴이 옆으로 잡아당기는 힘에 강하다는 사실을 발견하고, 이에 관한 논문을 발표했어. 오랜 시간 묻혀 있던 이 논문을 발견한 사람은 도요세이칸(동양제관)의 연구자였지. 이를 계기로 다이아몬드 컷팅 캔(음료나 커피 캔)이 탄생하게 되었단다. 이 캔은 강도와 크기가 같은 다른 캔과 비교했을 때 두 배나 가벼웠지. 캔을 만드는 재료를 적게 사용할 수 있었기 때문이야. 캔의 다이아몬드 모양은 단순한 장식이 아니란다.

접기기술을 활용해 우주로 가다!

미우라 접기는 우리에게 어떤 도움을 줄까요? 널리 사용되고 있는 물건은 지도입니다. 하지만 무엇보다 미우라 접기가 가장 큰 활약을 하는 곳은 우주입니다. 까마득히 먼 무중력 공간에 띄울 우주선을 어떻게 구성할지와 우주 건축 현장의 여러 난제를 미우라 접기가 해결해 주었습니다.

미우라 접기를 하면 커다란 물건을 작게 접을 수 있습니다. 로켓에는 큰 물건을 실을 수 없습니다. 따라서 크기가 작아지는 미우라 접기를 사용하면 물건을 훨씬 더 효율적으로 운반할 수 있죠. 더욱 매력적인 것은 최소한의 힘으로 펼쳤다가 접을 수 있다는 점입니다. 한 곳에만 힘을 주어도 그 힘이 전체로 전달됩니다. 즉, 미우라 접기는 그 구조 자체만으로도 동력원으로써 힘을 발휘하는 것이죠. 미우라 접기를 사용하면 우주에서 최소한의 에너지와 노력만으로 일할 수 있습니다.

간단히 접었다 펼 수 있으며, 잘 찢어지지 않는 미우라 접기 지도가 큰 인기를 얻었다.

1994년에 쏘아 올린 '우주 실험·관측 프리플라이어(FreeFlyer)'는 우주 공간에서 미우라 접기로 접은 태양전지판을 펼칠 수 있는지 알아보기 위한 실험이었습니다. 실험은 순조롭게 성공했답니다! 우주 공간에서 최소한의 조작으로 태양전지판을 펼쳤다 접는 것에 성공한 프리플라이어는 1995년에 와카다 코이치가 회수해서 귀환했습니다.

가까운 미래에 미우라 접기로 제작한 태양전지판을 우주 공간에 펼쳐서 에너지를 지구에 보내는 시스템이 완성된다면 지구의 에너지 문제를 상당 부분 해결할 수도 있겠지요.

또한 태양광압(태양빛이 물체 면에 미치는 압력)으로 움직이는 상상 속 우주범선(우주 요트)도 실제로 구상 단계에 있다고 합니다. 행성 사이를 비행하는 이카로스 역시 일본에서 쏘아 올린 세계 최초의 우주범선입니다. 이카로스의 돛을 접는 방식은 미우라 접기가 아니지만, 시행착오 끝에 다른 접기 방식으로 돛을 작게 접어 운반했습니다. 종이접기에서 나온 발상이 우주로 향하는 문을 열고 지구의 문제도 해결해 줄지 모른다니 놀라울 따름입니다.

종이접기는 세계에서 '오리가미'라는 일본어로 통용되고 있습니다. 외국에서는 수학과 학생이 학문으로 연구하는 일도 있다고 하네요. 세계가 종이접기의 놀라운 잠재력에 주목하고 있답니다.

08

우주 실험·관측 프리플라이어(FreeFlyer)
1994년에 쏘아 올려 궤도 상에서 여러 가지 실험을 했다. 그중 하나가 미우라 접기로 접은 태양전지판이 우주 공간에서 무사히 펼쳐지는지 알아보는 실험이었다. 한 곳에만 힘을 주었더니 태양전지판이 순조롭게 펼쳐졌다.

허마와리 5호

SFV

텐세이 3호   후요 1호

간가

우주 건조물은
종이접기 공법으로 만들어요!

이카로스

이카로스
회전할 때 생기는 원심력을 이용해 한쪽 변이 14m인 돛을 펼친다. 현재 태양광압으로 항행 중이다. 우주에서는 미미한 압력으로도 가속이 붙어 속도가 점점 빨라지는 원리를 이용했다. 연료 없이 돛의 얇은 막에 붙은 태양전지로 운행하고 있다. 이카로스는 우주의 여러 현상을 확인하기 위한 실험기다.

하루카
전파 천문위성. 최대 지름 10m의 안테나를 우주에서 펼치는 기술은 종이접기 기술은 아니지만 이 안테나를 고안한 사람은 미우라 접기의 개발자인 미우라 코료다.

하루카

우 리 는

접기기술의 달인!

09

구멍을 뚫으면서 내벽도 보강해 튼튼한 터널을 만들어요!

배좀벌레조개는 대단해요!

터널 굴착기, 실드공법

종조개에서
배운 기술

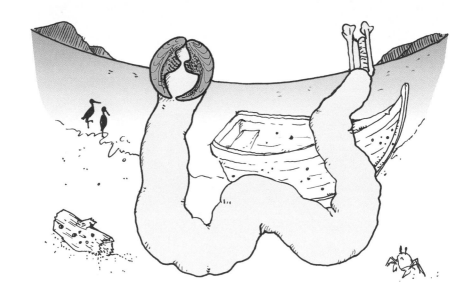

해변에 쓸려 온 나무 조각에 작은 구멍이 잔뜩 뚫려 있는 것을 본 적이 있나요?

이것은 배좀벌레조개(좀조개)가 살았던 흔적입니다. 몸길이가 5~30cm 정도 되는 이 생물은 조개 껍데기를 이용해 나무에 구멍을 뚫고 구멍 안을 체액으로 덧발라 튼튼하게 다집니다. 나중에 나무가 너덜너덜해져도 구멍은 끄떡없지요. 배좀벌레조개는 정말 대단해요!

배좀벌레조개는 절지동물과는 다른 종류의 생물이다. 새우나 게는 절지동물 중 갑각류이고, 배좀벌레조개는 연체동물인 조개의 일종이다. 둘 다 '곤충'이 아니다.

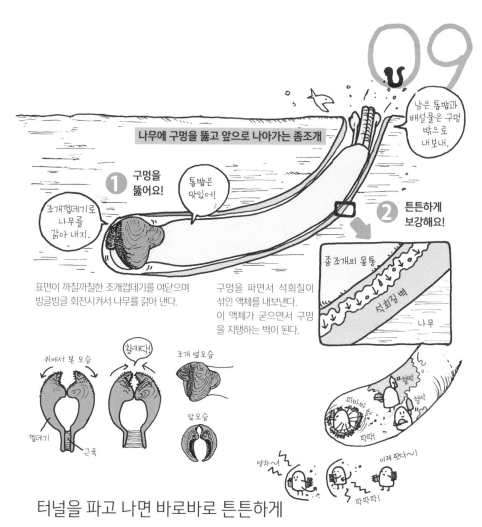

나무에 구멍을 뚫고 앞으로 나아가는 좀조개

남은 톱밥과 배설물은 구멍 밖으로 내보내.

1 구멍을 뚫어요!

톱밥은 맛있어!

조개껍데기로 나무를 갉아 내지.

표면이 까칠까칠한 조개껍데기를 여닫으며 빙글빙글 회전시켜서 나무를 갉아 낸다.

2 튼튼하게 보강해요!

구멍을 파면서 석회질이 섞인 액체를 내보낸다. 이 액체가 굳으면서 구멍을 지탱하는 벽이 된다.

좀조개의 몸통

석회질 벽

나무

위에서 본 모습

찰카다!

조개 옆 모습

껍데기

근육

앞 모습

칠벅

피바바박

찰칵

파파!

영차~

이제 판다~!

파파파!

터널을 파고 나면 바로바로 튼튼하게

배좀벌레조개(이하 좀조개)는 어떻게 나무 안에 작은 구멍을 뚫어 파고들어 가는 걸까요? 그 비밀은 조개면서도 조개답지 않은 좀조개의 생김새에 있습니다.

일반적인 조개는 조개껍데기 안에 몸 전체를 숨겨 자신을 보호하지만, 좀조개의 껍데기는 몸의 끝부분에 조그맣게 달려 있을 뿐입니다. 조개껍데기는 나무에 구멍을 뚫기 위한 '도구' 일 뿐이지요.

나무는 좀조개의 집인 동시에 먹이를 제공하는 곳입니다. 좀조개는 바다에 떠 있는 나무 조각이나 나무배에 달라붙어 자신의 껍데기로 나무를 갉아 내며 속으로 계속 파고들어 갑니다. 몸에서 석회분을 포함한 체액을 내보내 구멍의 내벽을 보강하며 앞으로 나아갑니다. 체액이 내벽에 얇은 막을 두른 것처럼 되어 구멍이 잘 무너지지 않죠. 좀조개는 이렇게 나무 구멍 속 튼튼한 내벽에 둘러싸여 일생을 보냅니다.

강바닥에 터널을? 말도 안 돼!

흠, 좋은 방법이 없을까……?

권턴지도

마크 브루넬

이때 한국은 조선시대였어.

지금으로부터 200년 전 영국의 마크 브루넬(Marc Brunel)이라는 기술자가 골머리를 앓고 있었습니다.

브루넬은 런던 중심부를 흐르는 템스 강 아래에 터널을 뚫는 방법을 연구하고 있었지요.

당시에는 산처럼 단단한 지반에 구멍을 뚫어 터널을 만드는 기술은 있었지만, 강바닥처럼 물기가 많고 부드러운 지층을 안전하게 뚫는 방법은 개발되지 않았기 때문입니다.

물기가 많은 곳에 구멍을 뚫으면 얼마 지나지 않아 진흙이 무너져 내릴 테고 까딱하면 강바닥이 무너져서 터널이 물에 잠겨 버릴지도 모릅니다. 만약 그런 사고가 일어나기라도 한다면 공사를 하는 사람들의 목숨이 위험해질 테지요.

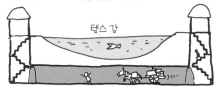

강바닥 아래에 터널을 뚫을 수 있을까?

템스 강

템스 강의 북쪽에서 물건을 실어 남쪽으로 운반하는 데 지름길이 필요한데 말이지…….

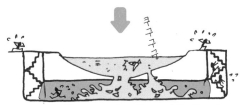

쿠구구구궁

하지만……, 물기가 많은 부드러운 땅에 터널을 뚫으면 강바닥이 그대로 무너질지도 몰라!

하느님의 지식 백과

아버지 브루넬, 아들 브루넬 둘 모두 유명인이라고?

강바닥 아래에 터널을 뚫으려고 한 마크 이점바드 브루넬(Marc Isambard Brunel)과 그의 아들인 이점바드 킹덤 브루넬(Isambard Kingdom Brunel)은 세계 토목업계의 역사를 다시 쓴 유명인이야. 특히 이점바드는 다리와 배, 철도 건설의 선구자로 엄청난 활약을 했지.

영국에서 '위대한 인물'을 꼽으면, 진화론의 찰스 다윈 다음으로 이름이 거론될 정도로 유명한 인물이란다. 철도 분야의 세계적인 상인 '브루넬 상'은 이점바드 킹덤 브루넬의 이름에서 비롯되었어. 세계의 훌륭한 건축가들에게 주어지는 상이란다.

아버지 마크 이점바드 브루넬

아들 이점바드 킹덤 브루넬

이점바드 씨~! 네에? 복잡하군…….

좀조개에서 아이디어를 얻다!

어느 날 마크 브루넬은 나무판 하나를 보고 문득 걸음을 멈췄습니다. 나무판에 마치 터널처럼 생긴 구멍이 잔뜩 뚫려 있었던 것입니다. 이 구멍을 뚫은 건 다름 아닌 좀조개였지요.

브루넬은 '바로 이거야!' 하며 아이디어를 떠올렸습니다.

'좀조개처럼 구멍을 뚫고 나서 바로 내벽을 보강하는 거야! 그러면 무너지지 않겠지?'

아이디어는 좋았지만, 실제로 구멍을 뚫는 일이 문제였습니다. 템스 강의 북쪽 강변에서 남쪽까지 뚫어야 하는 터널의 길이는 300m가 넘었습니다. 더구나 당시는 현대에서 사용하는 대형 드릴도 없던 때라 사람이 삽과 곡괭이로 일일이 파내는 수밖에 없었지요.

마크 브루넬은 아들인 이점바드 브루넬과 함께 이 공사에 뛰어들었습니다. 터널 안으로 물이 들어오는 등 사고도 일어났지만, 브루넬은 포기하지 않았습니다. 자금을 모으고 작업자들을 격려하며 공사를 계속했습니다. 그렇게 공사를 시작하고 18년이 지난 후, 드디어 터널이 개통되었습니다. 당시의 기술로는 불가능했던 일을 생물에서 아이디어를 얻어 실제로 구현해 낸 것입니다. 역사를 바꾼 주인공은 다름 아닌 작은 조개였습니다.

이점바드 브루넬

땅을 파낸 후 즉시 보강하는 공법으로 터널 뚫기 대성공!

브루넬이 좀조개를 보고 어떤 아이디어를 얻었는지 알아볼까요?

부드러운 지반을 뚫을 때의 문제점은 구멍을 뚫은 면이 금세 무너져 내린다는 점입니다. 따라서 브루넬은 철제구조물 안에 사람이 들어가서 터널을 파는 방법을 고안해 냈습니다. 철제구조물의 전면에 폭이 좁은 나무판을 위에서 아래까지 촘촘히 끼워서 봉으로 지탱합니다. 이 철제구조물을 3단으로 쌓아 옆으로 12열을 나란히 연결하는 방법이지요.

한 칸에 한 명씩 들어가 전면의 나무판을 한 장씩 빼내고 나무판 사이의 좁은 부분을 파냅니다. 다 파낸 후에는 다음 나무판을 빼서 같은 작

천장은 튼튼한 철제 지붕 (실드)으로 지탱한다.

A 나무판 틈새에서 흙을 파낸다.

브루넬의 실드공법

B 벽돌로 벽을 바른다.

나무판으로 흙을 누르며 앞으로 나아간다.

앞에서 보면 세로 3단, 가로 12명으로 이루어졌어! 사람이 많이 들어가네!

벽돌로 쌓은 벽을 잭으로 누르며 철제구조물을 앞으로 밀어낸다.

좀조개에서 배운 핵심 아이디어

A. 날카로운 도구를 이용해 땅을 판다.

B. 파낸 후에 바로 보강작업을 한다.

좀조개 브루넬
조개껍데기 = 삽

좀조개 브루넬
석회질 = 벽돌

좀조개와 비교하면 이렇지.

A **B**

좀조개

좀조개는 조개껍데기를 삽처럼 사용하여 나무를 갉아 내며(A), 바로 뒤에서 석회질 액체로 구멍을 보강한다(B).

업을 되풀이합니다. 정신이 아뜩해질 정도로 시간이 걸리는 일이지만, 이렇게 하면 앞쪽의 진흙이 무너지는 일은 없습니다.

또한 철제구조물 바로 뒤에서는 파낸 구멍의 내벽을 벽돌로 보강하는 작업을 합니다. 좀조 개처럼 앞에서 구멍을 파면 바로 내벽을 발라 구멍을 보강하는 방법이죠. 이렇게 보강한 내 벽을 잭(jack, 소형 기중기)으로 누르면서 철제구조물 전체를 앞으로 밀어냅니다. 이 방법은 땅 을 파는 사람을 방패(실드shield)처럼 보호한다고 해서 실드공법이라고 불립니다.

현대의 실드머신

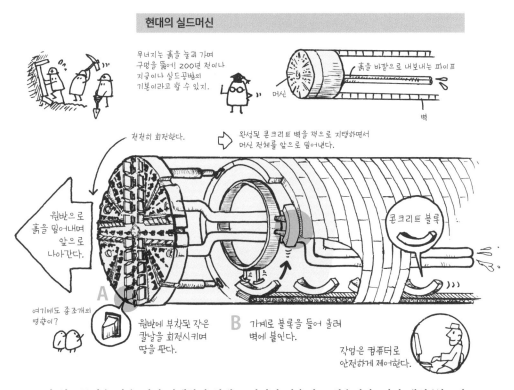

무너지는 흙을 눌레 가며
구멍을 뚫어! 200년 전이나
지금이나 실드공법의
기본이라고 할 수 있지.

흙을 바깥으로 내보내는 파이프

머신

벽

천천히 회전한다.

완성된 콘크리트 벽을 잭으로 지탱하면서
머신 전체를 앞으로 밀어낸다.

콘크리트 블록

원반으로
흙을 밀어내며
앞으로
나아간다.

여기에도 좀조개의
영향이?

A 원반에 부착된 작은
칼날을 회전시키며
땅을 판다.

B 가게로 블록을 들어 올려
벽에 붙인다.

작업은 컴퓨터로
안전하게 제어한다.

이 실드공법은 많은 것이 기계화된 현재도 여전히 사용되고 있습니다. 사람 대신 '실드머 신'이라고 하는 대형 기계를 사용합니다. 원통형으로 생긴 기계로 전면의 납작한 원반에 단단 한 칼날이 잔뜩 달려 있습니다. 이 원반이 회전하면서 땅을 팝니다. 브루넬의 실드공법처럼 원반과 원통 모양의 몸통이 주변을 지탱하고 있어서 흙 천장이 무너지는 일은 없습니다. 또 한 원통 안으로 콘크리트 블록으로 터널 내벽을 계속 보강합니다. 작업은 기계가 하고 있지 만 작업 구조는 브루넬이 고안한 실드공법 그대로랍니다.

템스터널엔 지금도 지하철이 주행 중!

　1843년에 개통한 템스 강의 이 터널은 배로 템스 강을 건너거나 몇 킬로미터 떨어진 다리를 이용하는 사람들에게 엄청난 환영을 받았습니다. 개통 당시 빅토리아 여왕도 터널을 보러왔을 정도니까요. 템스터널은 사람들이 왕래하기 위한 지하 터널로 이용되었으며 1869년부터는 세계 최초의 지하철인 런던 지하철이 다니기 시작했습니다. 템스터널은 지금도 여전히 건재하며 지하철이 매일매일 터널을 주행하고 있답니다.

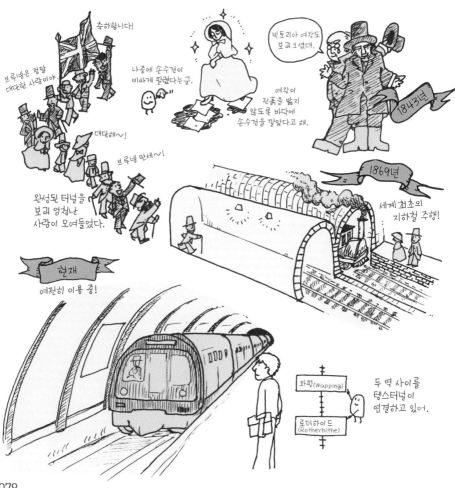

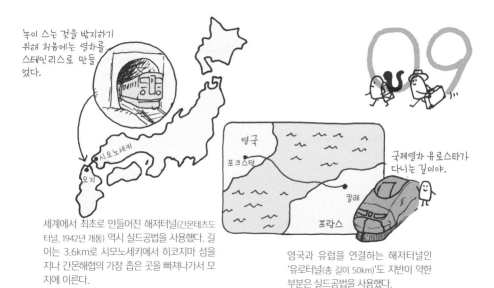

녹이 스는 것을 방지하기 위해 처음에는 열차를 스테인리스로 만들었다.

영국
포크스턴

프랑스
칼레

국제열차 유로스타가 다니는 길이야.

세계에서 최초로 만들어진 해저터널(간몬테츠도 터널, 1942년 개통) 역시 실드공법을 사용했다. 길이는 3.6km로 시모노세키에서 히코지마 섬을 지나 간몬해협의 가장 좁은 곳을 빠져나가서 모지에 이른다.

영국과 유럽을 연결하는 해저터널인 '유로터널(총 길이 50km)'도 지반이 약한 부분은 실드공법을 사용했다.

세계에서 활약 중인 실드머신!

좀조개에서 힌트를 얻은 실드공법은 시대를 뛰어넘어 지금도 전 세계에서 사용되고 있습니다. 특히 일본은 연약한 지반 위에 형성된 도시가 많아서 터널을 뚫을 때 실드공법이 필요하죠. 현재 일본의 실드머신이 세계 각지에서 사용되고 있답니다.

세 개의 머신이 한꺼번에 움직여!

두 개 혹은 세 개를 연결해서 더 넓은 면적을 뚫을 수 있는 머신도 개발했다. 세 줄로 지하철 터널을 뚫으면 상행선, 역, 하행선을 동시에 만들 수 있다.

바람이 통하는 탑
우미호타루 주차장

도쿄만을 횡단하는 '아쿠아라인'의 해저터널은 직경 14m의 거대한 실드머신을 사용했다. 터널의 길이는 9.5km에 이른다.

이 터널을 뚫은 실드머신의 칼날 부분 (실물)이 주차장에 전시되어 있어.

부지런히 움직였음

끈기가 중요하답니다.

나방은 대단해요!

반사 방지 필름과 화면

나방에서 배운 기술

생물 중에는 주로 밤에 행동하는 무리가 있습니다. 달빛이 어슴푸레 비추는 어두운 공간에서 이들은 어떻게 앞을 보는 걸까요? 나방이 활동하는 시간은 저녁부터 한밤중까지입니다. 사람은 어둠 속에서 앞을 잘 볼 수 없지만, 나방은 어디든 자유롭게 날아다니죠. 나방은 정말 대단해요!

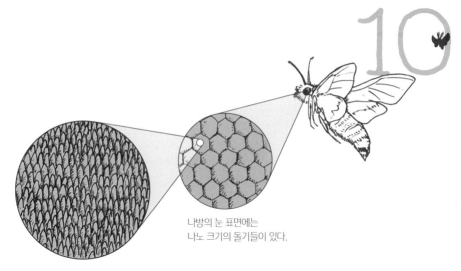

나방의 눈 표면에는
나노 크기의 돌기들이 있다.

나방의 눈 표면에는 신기한 모양의 돌기가 가득!

　나방과 나비는 사람의 눈과는 달리 '겹눈'을 지니고 있습니다. 겹눈은 수많은 낱눈으로 이루어진 돔형이기 때문에 여러 방향에서 빛을 흡수할 수 있어 편리합니다. 이뿐이 아닙니다. 나방을 관찰하던 연구자들은 어느 날 나방의 눈 표면에 특별한 구조가 있다는 사실을 발견했습니다. 매우 작고 오톨도톨한 돌기였

습니다. 전자현미경으로 자세히 들여
다봐야 보일 정도로 작은 돌기가 낱눈
하나하나에 촘촘히 들어차서 눈 전체
를 덮고 있었습니다. 이 발견을 계기로
'모스 아이 구조'(Moth Eye, 나방+눈)가
알려지게 되었답니다.

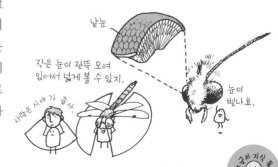

낱눈

작은 눈이 잔뜩 모여
있어서 넓게 볼 수 있지.

사람은 시야가 좁아.

눈이
빛나요.

다른 생물의 눈에도 신기한 비밀이 있을지 몰라!

　나비 역시 나방의 눈과 같은 구조를 지니고 있어. 다만, 나방의 눈에서 가장 먼저 발견했기 때문에 '모스 아이 구조'라고 불리게 되었지. (나비의 조상은 나방이야. 조상의 특징이 나비에 그대로 남아 있는 거란다. 하지만 모든 나비를 다 조사해 본 것도 아니고, 아게하 나비처럼 모스 아이 구조를 지니지 않은 나비도 존재한단다.)

나비와 나방의 눈은 다른 점도 있어. 나비는 낱눈에 들어오는 빛을 흡수하는 기관이 따로 정해져 있어. 하지만 나방은 빛을 흡수하는 기관이 따로 정해져 있지 않고 어떤 낱눈으로 빛이 들어오든 전체에서 빛을 흡수하지. 그래서 나방은 나비보다 빛을 더 많이 감지할 수 있는 거야.

참, 겹눈을 가진 생물은 곤충만이 아니야. 랍스터의 눈도 겹눈이란다. 다른 생물의 눈에도 아직 우리가 모르는 비밀이 숨어 있을지 몰라!

뾰족뾰족 신기한 돌기가 있어서 빛을 반사하지 않아요!

나방의 눈 표면을 덮고 있는 돌기는 대체 어떤 작용을 할까요? 그건 바로 '무반사'입니다. 다시 말해 빛을 반사하지 않는 작용을 합니다.

보통은 빛의 약 4%가 눈의 표면에서 반사되어 사라진다고 해요. 하지만 나방의 눈 표면에서는 반사가 일어나지 않기 때문에 반사되어 사라지는 빛까지 모두 눈으로 흡수됩니다. 어떻게 빛을 전부 흡수하는 걸까요? 이런 현상이 일어나는 데는 돌기의 크기와 형태가 큰 영향을 줍니다.

돌기의 폭은 약 100nm입니다. 사람이 볼 수 있는 빛(가시광선)의 파장 범위는 분류 방법에 따라 다소 차이가 있으나 대략 380~800nm입니다. 벌과 같은 곤충은 300nm부터 볼

수 있다고 하지만, 이 돌기의 폭은 생물이 볼 수 있는 빛의 파장보다 훨씬 더 작은 크기랍니다. 이렇게 크기가 작으면 빛은 돌기 하나하나를 확실히 감지하지 못합니다. 마치 근시인 사람이 안경 없이 사물을 보는 것처럼 흐릿하게 '뭔가가 있구나.' 하고 알아챌 뿐이지요. 그런데 사실 이 때 돌기 하나하나는 모두 빛에 대응하여 은밀한 힘을 발휘하고 있답니다.

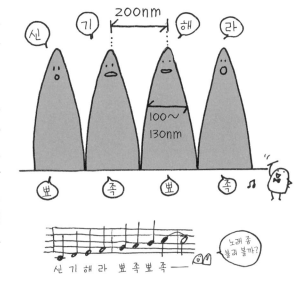

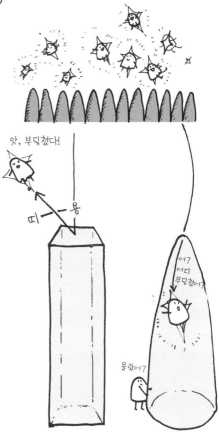

무반사의 비밀은 어디에 있을까?

빛이 물체에 닿으면 반사나 굴절작용이 일어납니다. 그런데 공기 중으로 내리쬐는 빛이 돌기에 닿으면 왜 반사가 일어나지 않을까요?

그 수수께끼를 풀기 위해 돌기의 모양이 나방과 같지 않았다면 어땠을지를 상상해 보세요. 예를 들어 돌기가 사각기둥 모양이었다면 분명 빛을 반사했을 테지요. 왜 그런 걸까요?

나방의 돌기와 사각기둥의 가장 큰 차이점은 꼭대기 부분의 모양입니다. 돌기는 끝이 뾰족하지만 사각기둥은 꼭대기가 평평해요. 따라서 기둥 끝에서 공기와 닿는 면적이 나방의 돌기보다 많아집니다. 그곳에 빛이 닿으면 빛은 공기와의 차이를 확실히 느끼게 되고, 그 경계에서 반사가 일어납니다.

그런데 나방처럼 돌기 끝이 뾰족하면 돌기 끝에 공기가 닿는 면적이 매우 작아져서 점처럼 되어 버리죠. 아주 작은 점이라 빛이 돌기 끝에 닿아도 공기와의 차이를 감지하지 못해 반사가 일어나지 않는 거랍니다.

빛은 굴절하는 성질이 있어!

바퀴의 속도가 달라지면 차의 방향도 달라진단다.

빛이 공기를 통해 물속으로 들어가면 물을 구성하고 있는 분자에 빛이 닿아 속도가 느려져. 빛을 자동차에 비유해 볼까? 자동차가 모래나 자갈 속을 비스듬히 파고들어 간다면 먼저 들어간 바퀴는 모래에 파묻혀서 속도가 줄어들겠지? 그런데 다른 한쪽은 속도가 줄지 않고 그대로이기 때문에 결국 자동차의 방향이 달라지지. 빛이 어떤 물질에 비추어 들 때 빛의 속도가 얼마큼 느려지고 얼마나 방향이 달라지는지를 숫자로 나타낸 것을 굴절률이라고 해. 굴절률의 차이가 없으면 공기와의 경계선에서 빛이 휘거나 반사되지 않는단다.

원뿔형 돌기의 치밀한 작전!

돌기 끝에서는 반사를 일으키지 않지만 돌기의 아래쪽에서는 어떻게 되는 걸까요? 흡수한 빛이 돌기의 아래쪽, 즉 눈의 표면에서 반사된다면 아무런 소용이 없겠지요. 이때 돌기의 원뿔형 모양이 힘을 발휘합니다.

이번에는 색에 비유해 볼게요. 점진적으로 미세하게 색을 다른 색으로 바꾸면 어디서 색이 달라지는지 확실한 구분이 생기지 않으면서도 분명 다른 색으로 변합니다.

나방의 눈에서는 색이 아닌, 다른 것에서 변화가 일어납니다. 돌기를 위에서 아래(1에서 10까지 숫자 부분을 잘랐다고 생각해 보세요. 그러면 각 단면적의 크기는 확실히 달라집니다. 하지만 돌기 모양이 원뿔형이기 때문에 크기는 조금씩 달라지지요. 자연스럽게 크기의 변화가 생깁니다.

단면적의 크기 변화는 빛에 영향을 끼치는 굴절률의 변화와 직결됩니다. 형태가 조금씩 변하면서 굴절률도 완만하게 변하게 되지요. 결국 빛은 굴절률이 확실히 변하는 경계를 찾지 못한 채, 즉 반사를 일으킬 부분을 발견하지 못한 채 그대로 눈에 흡수되는 것입니다. 정말 교묘한 구조네요!

돌기의 원뿔형 모양으로 빛을 교묘하게 꾀어내서 빛을 남김없이 눈으로 흡수하는 데 성공한 것입니다.

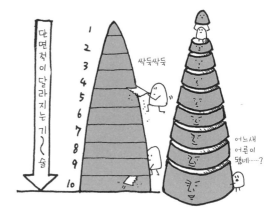

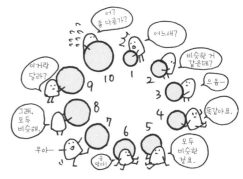

10

말도 안 돼! 가로세로 1mm 네모 안에 돌기가 1억 개나?

나방의 눈을 모방해서 반사하지 않는 물건을 만들면, 밝은 장소에서도 컴퓨터 화면이 잘 보이고 전시회에서 액자의 유리가 반사되어 그림이 잘 안 보이는 일은 생기지 않을 거예요.

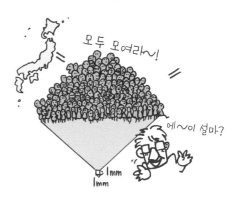

최근 이러한 연구에 놀랄 만한 진전이 있었습니다. 무반사 필름을 대형으로 제작하는 데 성공한 것입니다. 미쓰비시 레이온에서 최첨단 기술을 연구하는 우오즈 요시히로 씨와 가나가와 기술아카데미의 마스다 히데키 씨가 이끄는 팀에서 제품 개발에 성공했습니다. 필름에는 나방의 눈을 모방했다는 사실을 그대로 알 수 있게 '모스 아이 필름'이라는 이름을 붙였습니다. 눈에 보이지 않는 돌기로 빽빽이 들어찬 필름입니다. 개발되기 몇 년 전 어느 모임에서 우오즈 요시히로 씨가 모스 아이 구조를 다다미 크기(90×180cm)로 만드는 것이 목표라고 공언했다가 비웃음을 산 적이 있다고 합니다. 이렇게 만드는 것이 얼마나 어려운 일인지 알아보기 위해 몇 개의 돌기를 얼마만 한 면적에 만들어야 하는지 계산해 보았습니다.

모스 아이의 돌기와 폭이 같은 한 변이 100nm인 돌기를 필름 위에 빽빽이 늘어놓는다고 가정해 보면, 무려 1mm의 사각형 안에 1억 개(한 변이 1cm인 사각형 안이라면 100조 개)의 돌기를 만들어야 합니다. 가로세로 1mm 사각형 안에 일본의 전 인구가 서 있다고 상상해 보면 얼마나 엄청난 수인지 짐작할 수 있겠지요? 더구나 이음매도 없이 커다란 면적을 만드는 것은 꿈에서도 상상하기 힘든 일이었답니다.

모스 아이 필름을 개발한
우오즈 요시히로 씨에게 들어 보겠습니다

나노군 인터뷰!

다행이었던 건 오차가 허용되었다는 점입니다. 생물이란 치밀하게 생성된 존재가 아니어서 어딘가에 결점을 지니고 있습니다. 그리고 그 결점의 허용범위 또한 정해져 있지요. 모스 아이 필름의 돌기 크기에도 허용범위가 있어서, 다소 크기가 고르지 못한 정도는 문제가 되지 않았습니다. 돌기의 크기가 반드시 일정해야 했다면 불가능했을 일이지만 허용범위가 존재했기에 성공할 수 있었습니다. 오차가 발생하더라도 대형 면적을 생산할 수 있게 해 준 것은 바로 '자기조직화'(86쪽) 구조방법입니다.

거푸집에 수지를 흘려보낸 후 자외선(UV)을 쬐면 수지가 굳는다.

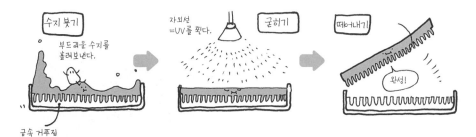

대형 필름 제작의 성공 비결은 거푸집!

결국 성공해 냈습니다! 성공의 비결은 '자기조직화'라는 방법이었지요.

모스 아이 구조를 커다랗게 만들기 위해서는 먼저 거푸집이 필요했습니다. 이 거푸집을 제작하는 데 '자기조직화'라는 방법을 사용했습니다. 처음에 일단 인공적인 계기를 만들고 그다음은 자연적으로 일어나는 반응에 맡기는 방법입니다. 에너지나 비용을 많이 들이지 않고도 커다란 면적을 제작할 수 있는 방법이지요. 이러한 방법으로 수없이 많은 돌기를 찍어 낼 거푸집을 완성합니다.

거푸집의 형태는 원통형입니다. '롤 금형'이라고 불리는 이 거푸집을 돌리면서 필름과 금형(거푸집)의 사이에 수지를 흘려보내 굳히면, 필름 위에 모스 아이 구조를 지닌 수지가 부착됩니다. 롤을 돌리면서 만들기 때문에 이음매 없이 대형 필름을 만들 수 있지요.

이렇게 완성된 모스 아이 필름은 반사를 방지하는 동시에 돌기 구조인 연잎처럼 발수 기능(20쪽)이 있으며 견고하기까지 해서 앞으로 다양한 장소에서의 활약이 기대된답니다.

필름 + 수지 + 롤 금형(거푸집) + 자외선 = 대형 모스 아이 필름

미래에는 가능할지 몰라!

낭비도 없고! 보기도 쉽고,
게다가 예쁘게까지!

전혀 눈이 부시지 않아!
햇빛 아래에서도
선명한 디스플레이

태양광을 100% 흡수!
효율성 높은 태양전지판

유리가 없는 것 같아!
작품이 선명하게 보이는 미술관

LED조명으로 전등 안에서 반사되는 빛까지
모조리 비추면 엄청 밝아지겠네!

모스 아이 구조를 모방한 제품은 모스 아이 필름
만 있는 것이 아닙니다. 필름의 제조법과는 다른 방
법으로 화면의 반사를 억제하는 액정 필름을 만들기
도 하고, 작은 부분에만 모스 아이 구조를 만들어 효
과를 내는 등 다양한 시도가 이루어지고 있답니다.

모스 아이가   선명한 세계로

약속할게요~♪

꾸며도 보고
색칠도 해 봐요!

11

색소가 없는데도 색깔이 선명하게 보인다고?

모르포나비는 대단해요!

염색이 필요 없는 색, 바래지 않는 색

모르포나비에서 배운 기술

옥처럼 푸른색으로 빛나는 '모르포나비'를 본 적이 있나요? 이 나비의 반짝이는 색은 1km 밖에서도 눈에 들어올 정도로 선명하다고 합니다. 하지만 나비의 날개가 실제로는 푸른색이 아니래요. 그런데도 눈이 부실 정도로 파랗게 보이다니, 모르포나비는 정말 대단해요!

멕시코나 중남미의 숲 속에 사는 나비로 종류가 다양하다. 날개를 펼치면 길이가 15cm 정도인 대형 모르포나비도 있다. 푸른색으로 빛나는 것은 대부분이 수컷 모르포나비다.

푸른색은 어디에 있지?

나비의 날개는 납작한 모양의 '인분'(나비나 나방 따위의 날개에 있는 비늘 모양의 분비물)으로 덮여 있습니다. 대부분의 나비는 인분 자체에 색을 지니고 있지요. 노란 나비는 노란 색소가 들어 있는 인분으로 덮여 있답니다. 그렇다면 푸른색으로 빛나는 모르포나비의 인분에는 푸른색 색소가 들어 있는 걸까요?

이를 알기 위해 우선 모르포나비의 날개 표면을 확대해 보았습니다. 그런데 아무리 확대해도 나무처럼 생긴 돌기만 보일 뿐 푸른색 색소는 찾아볼 수 없습니다. 푸른색은 어디서 나오는 걸까요?

모르포나비의 날개 표면을 확대

날개의 뒷면도 파란색인가요?

아니~, 뒷면은 옅은 갈색이란다.

물고기의 비늘처럼 생긴 인분이 빽빽하게 날개를 덮고 있다.

50μm

100μm

한 개의 크기는 0.1mm.

이분을 갈라 옆에서 그 단면을 보면

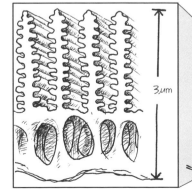

3μm

자른 단면을 현미경으로 확대해 보면 이렇게 복잡한 구조로 되어 있다.

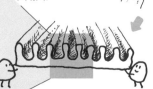

나비 중에는 인분이 없는 종류도 있다. 그런 나비의 날개는 대부분 투명하다.

비눗방울은 어째서 무지갯빛으로 보일까?

모르포나비 외에도 색소가 없는데 색이 있는 것처럼 보이는 물체는 많습니다. 예를 들어 비눗방울이 있습니다. 세제를 섞은 물은 투명한데 비눗방울은 무지갯빛으로 보입니다. CD와 같은 광디스크도 그렇지요. 보는 각도에 따라 여러 가지 색으로 빛난답니다.

비눗방울은 어째서 무지갯빛으로 보일까요? 그 이유는 비눗방울이 '막'이기 때문입니다. 햇빛은 색이 있는 것처럼 보이지 않지만, 실은 빨강·파랑·초록·노랑 등 다양한 색을 포함하고 있습니다. 빛이 비눗방울의 막을 통과하면 빛에 포함된 색 일부만이 눈에 보여서 비눗방울이 무지갯빛으로 보이는 것이지요.

이렇게 보이는 이유는 무엇일까요?

빛은 파도처럼 계속 앞으로 나아가는 성질이 있습니다. 빛에 포함된 다양한 색은 모두 같은 속도로 나아가지만 각각 다른 파형(파장)을 지니고 있습니다.

걸음에 비유하면, 빨간색과 파란색이 같은 거리를 같은 속도로 걸어갈 때 빨간색은 긴 보폭으로 느긋하게 걷고, 파란색은 짧은 보폭으로 총총대며 걸어가는 것과 같습니다.

비눗방울은 투명한 '막'

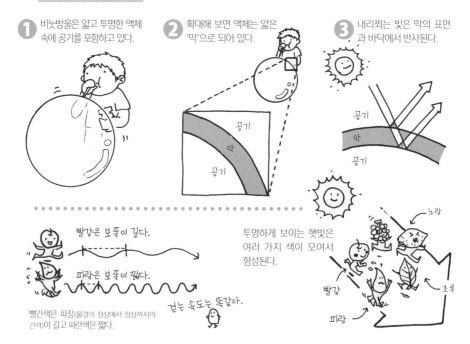

❶ 비눗방울은 얇고 투명한 액체 속에 공기를 포함하고 있다.

❷ 확대해 보면 액체는 얇은 '막'으로 되어 있다.

공기
막
공기

❸ 내리쬐는 빛은 막의 표면과 바닥에서 반사된다.

공기
막
공기

빨강은 보폭이 길다.

파랑은 보폭이 짧다.

걷는 속도는 똑같아.

빨간색은 파장(물결의 정상에서 정상까지의 간격)이 길고 파란색은 짧다.

투명하게 보이는 햇빛은 여러 가지 색이 모여서 형성된다.

노랑

빨강

초록

파랑

이만큼 더 길어지는구나!

다양한 색이 포함된 빛이 비눗방울에 비치면 신기한 일이 벌어집니다. 왼쪽 그림을 보면 막의 표면에서 반사되는 빛 A보다 막의 바닥까지 내려가서 반사되는 빛 B의 거리가 더 긴 것을 알 수 있지요? 이처럼 비눗방울에서 빛이 반사될 때 A와 B에 포함된 여러 가지 색의 걸음걸이는 일정하지 않습니다.

이인삼각 경기를 할 때처럼 각자의 보폭을 나란히 맞춘 색은 눈에 확실히 보입니다. 보폭이 제각각인 색은 눈에 잘 보이지 않고요. 예를 들어 비눗방울이 파랗게 보이는 곳은 파란색 파장이 보폭을 맞춰 이동하고 있다는 뜻입니다. 같은 곳이 빨갛게 보이지 않는 이유는 그곳의 각도와 막의 두께에서 빨간색 파장이 보폭을 딱 맞출 수 없기 때문입니다.

동그란 비눗방울은 계속해서 움직이므로 매 순간 보이는 각도가 달라집니다. 위치에 따라 막의 두께도 달라지지요. 각도와 두께가 변하면 색의 보폭도 달라집니다. 비눗방울이 다양한 색(무지갯빛)으로 보이는 것은 이런 이유 때문입니다. 즉, 비눗방울의 '막'으로 된 형태가 무지갯빛을 나타내는 것이랍니다.

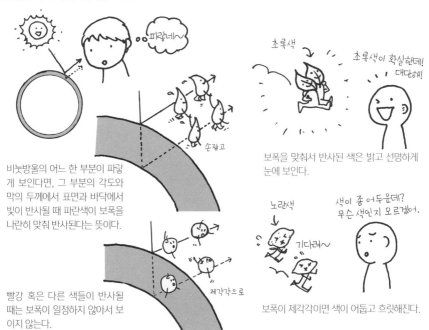

파랗네~

비눗방울의 어느 한 부분이 파랗게 보인다면, 그 부분의 각도와 막의 두께에서 표면과 바닥에서 빛이 반사될 때 파란색이 보폭을 나란히 맞춰 반사된다는 뜻이다.

손잡고

빨강 혹은 다른 색들이 반사될 때는 보폭이 일정하지 않아서 보이지 않는다.

제각각으로

초록색

초록색이 확실한데! 대단해!

보폭을 맞춰서 반사된 색은 밝고 선명하게 눈에 보인다.

노란색

기다려~

색이 좀 어두운데? 무슨 색인지 모르겠어.

보폭이 제각각이면 색이 어둡고 흐릿해진다.

푸른색으로 빛나는 모르포나비의 비밀

이제까지 관찰한 비눗방울처럼 물질 자체는 투명한데 색이 있는 것처럼 보이는 현상을 물질의 형태(구조)에서 비롯되는 색이라고 하여 '구조색'이라고 합니다.

그럼 다시 모르포나비로 돌아가겠습니다. 모르포나비의 푸른색도 구조색입니다. 하지만 모르포나비는 비눗방울처럼 무지갯빛이 아닙니다. 왜 푸른색만 선명하게 빛나는 걸까요? 인분의 형태를 다시 한 번 살펴보겠습니다(91쪽). 이들 돌기에는 마치 나뭇가지처럼 생긴 작은 가지가 잔뜩 튀어나와 있습니다. 이 가지에 빛이 닿으면 가지의 위아래에서 빛이 반사됩니다. 즉, '막'의 역할을 하게 되는 것이지요.

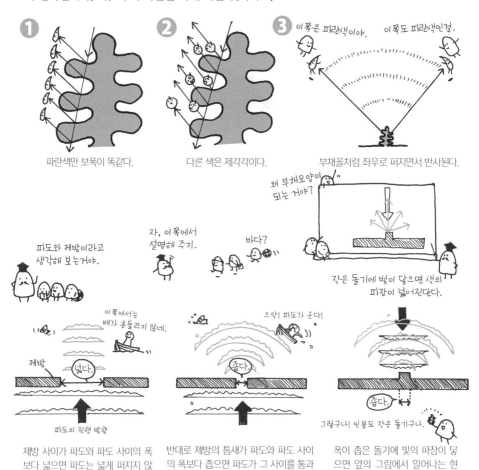

제방 사이가 파도와 파도 사이의 폭보다 넓으면 파도는 넓게 퍼지지 않고 앞으로 나아간다.

반대로 제방의 틈새가 파도와 파도 사이의 폭보다 좁으면 파도가 그 사이를 통과하면서 좌우로 넓게 퍼져 나아간다.

폭이 좁은 돌기에 빛의 파장이 닿으면 옆의 그림에서 일어나는 현상과 같은 일이 일어난다.

이제부터가 모르포나비에만 있는 특징입니다.

푸른색의 비밀은 인분에 있는 작은 가지들의 두께와 높이에 있습니다. ❶의 그림처럼 반사되는 빛 중에 푸른색만 보폭을 맞춰서 나가도록 설계된 것입니다. 수많은 가지에서 푸른색만 반사되기 때문에 푸른색은 더욱 선명해집니다. 다른 색을 띤다는 것은 ❷의 그림처럼 보폭이 전혀 맞지 않는 셈이지요. 푸른색은 ❸의 그림처럼 부채꼴로 넓게 퍼지기 때문에 보는 각도가 조금 달라져도 다른 색으로 변하지 않는답니다.

모르포나비의 화사한 푸른색의 비밀은 놀라우리만큼 치밀하게 만들어진 인분의 작은 가지의 '구조'에 있었던 것입니다.

구조색을 지닌 다른 동물들

구조색을 지닌 생물은 모르포나비 외에도 많습니다. 색을 나타내는 구조는 각자 다르지만, 모두 독특하게 빛나는 색을 지니고 있습니다.

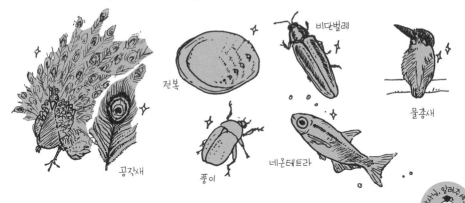

공작새

전복

비단벌레

물총새

풍이

네온테트라

반사님, 알려주세요!

표면에 오톨도톨한 돌기나 막이 있으면 무엇이든 색을 낼 수 있나요?

아니, 사실 그렇지는 않아. 예를 들어 투명한 비닐로 풍선을 만든다면 어떻게 될까?

풍선도 막으로 되어 있지만 무지갯빛이 보이지는 않지? 비눗방울 막의 두께는 대략 수백nm에서 1㎛에 이르지. 모르포나비 인분의 돌기 가지는 두께가 65nm에서 더 얇아지기도 한단다. 이 정도로 얇지 않으면 색을 반사하는 데 영향을 줄 수 없어.

색이 보이는 '형태'는 막이나 돌기에만 있는 것은 아니야. 작은 알갱이가 겹겹이 쌓인 형태나 물방울처럼 동그란 형태 등 다양한 형태가 존재한단다. 자연의 생물이 아닌 인공적인 물질로도 존재하기 때문에 신비하게 빛나는 무지갯빛이 보이면 '구조색이 아닐까?' 하고 조사해 봐도 재미있을 거야.

구조색으로 색을 표현하는 기술

인간의 기술로 구조색을 만들면 페인트나 잉크를 사용하지 않고도 색을 입힐 수 있습니다. 그렇게 된다면 이제까지의 염료로 표현하지 못했던 광채를 낼 수 있고 염료 때문에 발생하는 환경 오염에 대한 걱정도 덜게 됩니다.

이 과제에 도전해 여러 번의 시행착오 끝에 세계 최초로 구조색을 이용한 섬유 개발에 성공한 회사가 있습니다. 두 종류의 섬유를 교대로 여러 겹 쌓아서 그 '막'으로 색을 표현했습니다. 이렇게 개발한 섬유가 '모르포텍스®'로 신비하게 빛나는 푸른색이며 보는 각도에 따라 연한 무지갯빛을 띠기도 합니다.

모르포나비처럼 강렬하게 빛나면서 비스듬히 봐도 다른 색으로 변하지 않는 푸른색을 내

염색한 것이 아니라
세탁을 해도 색이 바래지 않는다.

모르포텍스®(Morphotex®)
데이진·닛산자동차·다나카귀금속공업 3사가 공동으로 개발한 구조색으로 발색하는 섬유다. 모르포나비처럼 푸른색을 띠지만 비스듬히 보면 무지갯빛으로도 보인다는 점이 모르포나비와는 다르다.

폴리에스테르를 수백 층 겹친 필름도 개발되어서 커피 캔이나 포장 용기로도 이용되고 있다. 필름이기 때문에 대형으로 제작할 수도 있다.

페인트를 사용하지 않고 구조색으로 발색하는 도장을 입힌 자동차. 보는 이의 위치에 따라 색이 달라지며 금속성 광채가 난다.

기 위해 지금도 연구·개발에 몰두하고 있답니다. 물리학과 공학을 연구하는 사이토 아키라 씨는 모르포나비와 거의 흡사한 환하게 빛나는 푸른색을 내는 데 성공했습니다. 그의 방법을 사용하면 빨강과 초록, 그 외에 다른 색을 내는 것도 가능합니다.

적·녹·청 세 가지 색을 조합해서 자유롭게 색을 내는 것이 가능하다면 TV나 컴퓨터, 휴대 전화의 화면을 제작할 수도 있겠지요. 미국의 퀄컴(Qualcomm)이라는 회사는 사이토 아키라 씨와는 다른 방법으로 구조색을 내는 모니터 '미라솔(Mirasol)'을 개발했습니다.

모르포나비의 구조색을 이용한 기술이 본격적으로 진화하기 시작한 것입니다.

바깥에서 내리쬐는 빛을 이용하는 미라솔®
이제까지의 모니터와는 달리 바깥에서 내리쬐는 빛의 반사를 이용하여 색을 내기 때문에 태양 아래에서도 선명하게 보인다. 전기를 많이 사용하지 않아 에너지를 절약할 수 있다.

단순히 막을 만드는 것이 아니라 복잡한 패턴의 구조막을 만들어 번쩍번쩍 빛나는 푸른색을 내는 데 성공했다. 모르포나비처럼 비스듬히 봐도 푸른색으로 보인다.

구조색을 내는 기술을 연구한 사이토 아키라 씨에게 들어 보겠습니다

모르포나비의 인분을 그대로 따라 만들어 인공적으로 푸른색을 내는 일은 가능합니다.

하지만 그 작업에는 막대한 시간과 에너지를 소비해야 하지요. 에너지 소비가 많은 기술은 지구 환경에도 바람직하지 못합니다.

게다가 모르포나비를 그대로 흉내 내면 푸른색밖에 내지 못한답니다. 저는 물리학자인 동시에 공학 연구자이기도 하지요. 공학 연구자로서 무언가를 똑같이 모방해서 똑같은 결과를 얻는 것은 흥미롭지 않았습니다.

저의 목표는 인분의 어떤 특성이 색을 결정하는 요인이 되는지 밝혀서 기술로 응용하는 것입니다. 빨간색과 초록색을 내는 데에는 성공했지만, 더 빨리 더 적은 에너지로 색을 표현하는 연구를 진행하고 있답니다.

찾아보아요!

그림에서 구조색을 내는 곳이 어디인지 찾아보세요.

아, 무지개다!

파란 하늘이 투명해 보여~.

구름의 흰색이 눈부셔~.

OX 주차장

괜찮아요. 깨끗하던데요.

여러 가지 색으로 빛나네요.

오팔 목걸이야.

뒷면이 손상됐을지도 몰라요.

무지갯빛이야?

물웅덩이가 무지갯빛으로 빛나네.

한 봉지만 사고 싶은데, 만원짜리밖에 없어요.

괜찮아요. 자, 여기요.

| 정답 | 하늘의 파란색 / 구름의 흰색 / 무지개 / CD의 무지갯빛 / 물웅덩이에 흐른 기름 막이 만들어 낸 무지갯빛 / 오팔 보석의 무지갯빛 / 지폐 홀로그램에 나타난 무지갯빛

*'구조색'이라고 부르긴 하지만 색을 내는 구조는 각기 다르다. 책이나 인터넷에서 더 자세한 내용을 찾을 수 있다.

미래에는 가능할지 몰라!

반짝반짝 빛나고
색이 바래지도 않아요!

주변이 어두워도 번쩍번쩍해서
눈에 확 들어오네!

조명이 약해도 빛나는 간판

오랜 시간 햇볕을 쬐도 색이 바래지 않는 커튼

색이
바랬네……

몇 년이 지나도
색이 똑같아!

모르포헤어스프레이

샤랄라 빛나는 화장품에도!

어?

번뜩번뜩
번질번질

이제까지의 화장

자연스럽게 빛나네!

구조색 화장

정말 우아한 느낌이야.

예쁘네~

비단벌레로
만든 궤

구조색으로 장식한 고대 유물
7세기경에 비단벌레의 날개를 이용
해 만든 공예품이 남아 있다. 비단벌
레가 살아 있지 않아도 날개의 색과
광택은 그대로이기 때문에 장식에
이용할 수 있다.

어느 쪽에서도
봐도

아름답게
빛나는구나!

099

12

빨판으로 꾸욱 눌러 잡으면 아무도 꼼짝 못 해요!

문어와 개는 대단해요!

미끄러지지 않는 농구화와 데크 슈즈

문어에서
배운 기술

문어는 8개의 다리를 구불구불 움직여서 먹잇감을 잡거나 돌을 움켜쥐기도 해요. 다리에 주르르 달린 빨판으로 능숙하고 강력하게 달라붙는답니다. 입을 꽉 다문 조개를 여는 일 정도는 식은 죽 먹기 수준이지요. 문어는 정말 대단해요!

빨판으로 자신의 몸보다 큰 조개껍데기나 코코넛 껍데기를 옮기는 문어도 있다. 몸을 숨기기 위해 껍데기를 집으로 사용한다.

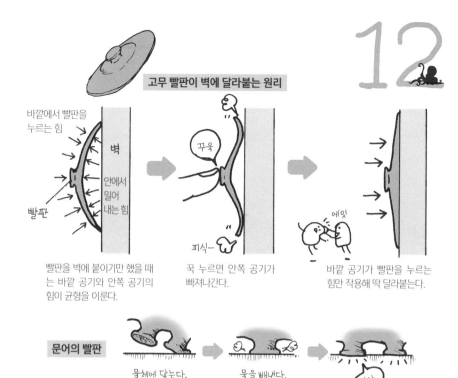

고무 빨판이 벽에 달라붙는 원리

바깥에서 빨판을 누르는 힘

벽

안에서 밀어 내는 힘

빨판

꾸욱

피식—

에잇

빨판을 벽에 붙이기만 했을 때는 바깥 공기와 안쪽 공기의 힘이 균형을 이룬다.

꾹 누르면 안쪽 공기가 빠져나간다.

바깥 공기가 빨판을 누르는 힘만 작용해 딱 달라붙는다.

문어의 빨판

물체에 닿는다.

물을 배낸다.

꾀악

강력하게 빨아들이는 빨판의 구조

문어의 빨판은 어떻게 물체에 달라붙는 걸까요? 고무로 만든 빨판과 비교해 보세요.

빨판을 벽에 대기만 했을 때는, 바깥 공기가 빨판을 벽 쪽으로 누르는 힘과 안쪽 공기가 밀어내는 힘이 균형을 이룹니다. 빨판을 꾹 누르면, 안쪽의 공기가 빠져나갑니다. 빨판은 원래 형태로 돌아가려고 하지만, 공기가 남아 있지 않아 빨판의 안쪽은 거의 진공 상태나 다름없습니다. 바깥 공기가 빨판을 누르는 힘만이 작용하게 되지요. 그래서 빨판은 벽에서 떨어지지 않는 거랍니다.

문어는 근육으로 빨판을 꾹 눌러서 빨판 안에 있는 물을 바깥으로 빼냅니다. 그러면 고무 빨판처럼 물체에 딱 달라붙게 되지요.

문어의 빨판을 눈여겨본 사람이 있었습니다. 스포츠용품 회사 '아식스'의 창업자 오니즈카 키하치로 씨입니다. 농구 선수는 빠르게 달리다가 갑자기 멈추기도 하고 또 잽싸게 방향을 바꾸기도 합니다. 하지만 1950년대 일본에는 그렇게 민첩한 움직임에 맞는 운동화가 없었습니다. 당시에는 선수들이 바닥에 쉽게 미끄러졌지요.

으앗!

미끌

와다다

끼익

빙글

운동화 밑창에 빨판을?

'미끄러지지 않는 신발 밑창을 만들려면 어떻게 해야 할까……?' 오니즈카 키하치로 씨는 머리를 쥐어짜며 한참 동안 고민에 빠졌습니다. 그러던 어느 날 저녁 식사에 나온 문어 반찬을 보고 아이디어가 떠올랐습니다. 문어의 빨판처럼 바닥에 달라붙는 농구화를 생각해 낸 것입니다.

오니즈카 키하치로 씨는 몇 번의 실험을 거쳐서 1953년 드디어 새로운 운동화를 완성했습니다. 발끝에 힘을 주면 운동화 밑창의 고무가 바닥에 달라붙어 미끄럼을 방지하는 운동화였습니다. 하지만 이 기념비적인 첫 번째 운동화는 달라붙는 힘이 너무 세서 오히려 넘어지는 선수들이 속출했습니다. 밑창의 고무를 너무 많이 파냈기 때문입니다. 그래서 고무를 더 얇게 파낸 운동화를 다시 제작하게 되었지요. 이 획기적인 운동화는 엄청난 인기를 끌었습니다. 이후 여러 번의 개량을 거친 아식스 농구화는 지금도 많은 사랑을 받고 있지요.

이처럼 반드시 자연의 생물에서만 영감을 얻는 것은 아닙니다. 여러분도 문득 내려다본 발밑에서 굴러다니는 아이디어를 발견하게 되지는 않을까요?

이 모양은……, 설마?

문어의 빨판에서 힌트를 얻은 농구화

재빠른 동작을 할 때 미끄러지지 않게 몸을 지탱해 준단다.

고무 밑창을 눌러서 공기를 빼면 빨판 역할을 하게 되지.

밑창 전체가 바닥에 달라붙어요.

갑판이 젖어 있어 자꾸 넘어지네.

빙판 위에서도 미끄러지지 않네?

Mr. 스페리

데크 슈즈는 '갑판 신발'이라는 뜻이야!

스페리는 물에 젖은 데크(배의 갑판)에서도 미끄러지지 않는 신발을 찾고 있었다.

데크 슈즈는 고무 밑창에 비스듬히 홈을 파서 잘 미끄러지지 않는다. 1935년부터 판매되기 시작했다.

개의 발바닥에서 영감을 얻은 '데크 슈즈'

미국에서도 생물에서 영감을 얻어 미끄러지지 않는 신발인 '데크 슈즈'(배의 갑판에서 신는 신발)를 만든 사람이 있습니다. 배를 타는 것이 취미인 폴 스페리(Paul Sperry)는 갑판이 항상 젖어 있어서 넘어지면 위험하겠다는 생각을 하곤 했습니다. 어느 해 겨울, 스페리의 애완견이 얼어붙은 눈길에서 미끄러지지도 않고 이리저리 뛰어다니고 있었습니다. '어라?' 하고 의아하게 생각한 스페리는 개의 발바닥을 자세히 들여다보았죠. 개 발바닥의 볼록한 살에 가느다란 주름이 가득했습니다. 이 주름이 미끄러운 바닥에서도 넘어지지 않는 비결이라고 생각한 스페리는 그 즉시 면도칼로 고무에 기다란 홈을 팠습니다. 여러 가지 모양을 시험해 본 결과 위의 오른쪽 그림처럼 홈을 팠더니 앞뒤 좌우로도 잘 미끄러지지 않았습니다. 스페리가 만든 신발은 높은 평가를 받았습니다. 미 해군에서 채용할 정도였죠. 지금까지도 '데크 슈즈' 하면 스페리가 가장 유명합니다.

발명품은 첨단 현미경이나 실험실이 아닌 우리 주변의 생물에서 영감을 얻어 탄생되기도 합니다.

생각지 못한 데서 큰 활약을 했구나!

좁은 곳에서도, 물속에서도, 나무 타기도 문제없어!

뱀은 대단해요!

어디든 갈 수 있는 뱀 로봇

> 뱀에서
> 배운 기술

뱀은 다리가 없는데도 빠르게 몸통을 움직이며 좁은 곳은 물론, 어떤 장애물이 있어도 거침없이 나아갑니다. 지면뿐 아니라 수면에서도 구불구불 헤엄칠 수 있고, 나무에도 오르며, 물속에서 잠수도 할 수 있답니다. 뱀은 정말 대단해요!

앞으로 이동하는 방법도 여러 가지!

뱀은 다리가 없습니다. 그런데도 어떻게 자유롭게 움직일 수 있는지 정말 신기합니다.

뱀은 사행형, 직진형, 아코디언형, 사이드와인더 이렇게 네 가지 방법으로 움직입니다. 뱀은 지면의 상태나 주변 환경에 따라, 그리고 먹잇감에 조용히 접근해야 할 때 등 그때그때의 상황에 맞춰 이동 방법을 달리합니다. 참고로 네 가지 방법을 다 사용하는 뱀은 없다고 합니다.

① 사행형은 우리가 가장 잘 알고 있는 방법으로 몸을 좌우로 구부리며 구불구불 앞으로 나가는 방법입니다.

② 직진형은 비단뱀이나 살모사 같은 뱀의 움직임에서 볼 수 있는 방식으로 몸을 구부리지 않고 앞으로 똑바로 나아가는 방법입니다. 먹잇감 근처로 조용히 다가가거나 특별한 상황에서만 사용합니다.

③ 아코디언형은 몸통 전체를 움츠렸다가 머리를 앞으로 쭉 내밉니다. 다시 몸통을 움츠렸다가 머리를 앞으로 쭉! 이를 반복하면서 앞으로 나아가는 방법이지요. 미끄러운 지면을 이동할 때 주로 사용한답니다.

④ 사이드와인더는 방울뱀의 영어 이름입니다. 사막과 같은 모래 위를 이동하기 위한 특수한 방법으로 몸을 옆으로 밀어내면서 비스듬히 나아갑니다.

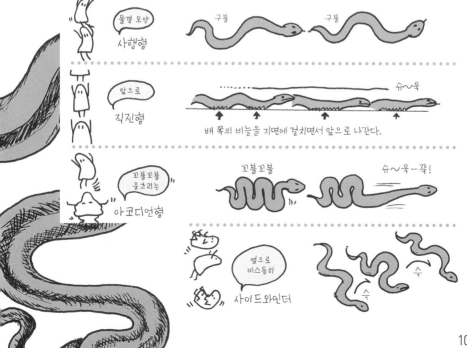

다리가 없는데 어떻게 움직이지?

뱀은 어떻게 움직이는 걸까요? 로봇공학을 연구하는 히로세 시게오 씨가 이 궁금증을 해결하는 데 도전했습니다. 뱀 로봇을 만들려면 움직임의 원리를 확실히 파악해야 하기 때문입니다.

산무애뱀을 관찰하던 히로세 시게오 씨는 뱀의 배 가장자리가 스케이트 날처럼 생겼다는 것을 발견했습니다. 이 가장자리 모양에 중요한 비밀이 숨겨져 있었지요.

배 부분의 비늘은 앞뒤로는 잘 미끄러지지만 배의 가장자리가 각진 형태라서 양옆으로는 잘 미끄러지지 않습니다. 미끄러지지 않으려고 버틸 때 옆으로 가려는 힘을 몸통 가장자리로 지탱하면 그 힘은 모두 앞으로 나아가는 힘(추진력)으로 전환됩니다. 이는 스케이트 날이 앞으로 나가는 것과 같은 원리이지요.

로봇을 만들려면 뱀이 왜 그런 형태를 하고 있는지, 근육을 어떻게 움직이는지 정확히 밝혀내야 했습니다. 그래서 뱀과 똑같은 형태와 무게를 지닌 목제 뱀을 만들고 뱀의 허물을 붙여서 잡아당기는 실험을 했지요.

이런!

실험을 하던 중 흥미로운 사실을 발견했습니다. 동료 중 한 명이 "뱀 몸통이 이 부분만 땅에서 살짝 떠 있네요"라고 말한 것입니다. 동료가 가리킨 부분을 잘 살펴보니, 확실히 몸통을 구부린 부분에서 배를 살짝 띄우며 움직이고 있었습니다. 그리고 천천히 움직일 때는 몸을 띄우지 않는다는 사실도 알게 되었지요. 빠르게 움직일 때만 몸통을 띄운다는 것은 앞으로 쉽게 나아가기 위해서고 거기에는 역학적인 이유가 있는 게 분명했습니다.

뱀은 구부러지는 곳의 몸통을 띄워서 배 일부분에 체중을 집중시킵니다.* 시험해 보고 싶다면 뱀처럼 배를 땅에 대고 엎드린 채 몸을 활 모양으로 구부려 봐도 좋습니다. 배를 붙이고 있는 곳에만 체중이 실리기 때문에 바닥을 세게 누르게 되지요?

뱀도 이처럼 배 일부분으로 지면을 세게 누릅니다. 그러면 미끄러운 배 부분이 빠른 속도의 영향을 받아 평소보다 더 강한 힘으로 지면에 몸통을 지탱하게 됩니다. 잇달아 늑골과 근육을 움직이며 지면에 닿아 있는 배에 앞으로 나가는 힘을 집중해서 전달하지요.

히로세 시게오 씨는 뱀이 그리는 곡선에도 특정 법칙**이 존재한다는 사실을 알아냈습니

* 이 움직임을 사이너스 리프팅(sinus lifting)이라고 한다.
** 서페노이드(Serpenoid) 곡선이라고 한다. 히로세 시게오 씨가 이름을 붙인 법칙이다.

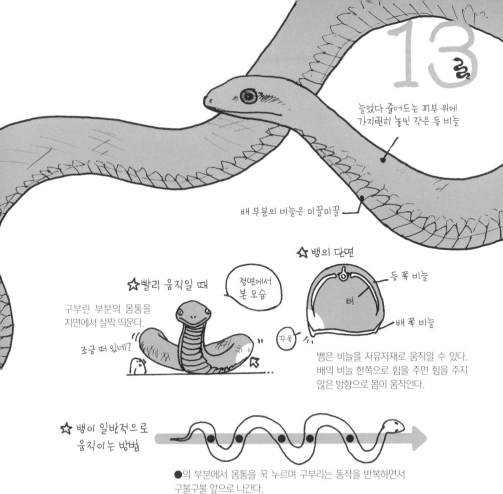

늘었다 줄어드는 피부 위에 가지런히 놓인 작은 등 비늘

배 부분의 비늘은 미끌미끌

☆ 뱀의 단면

정면에서 본 모습

등 쪽 비늘

뼈

배 쪽 비늘

☆ 빨리 움직일 때

구부린 부분의 몸통을 지면에서 살짝 띄운다.

조금 떠 있네?

꾸욱

뱀은 비늘을 자유자재로 움직일 수 있다. 배의 비늘 한쪽으로 힘을 주면 힘을 주지 않은 방향으로 몸이 움직인다.

☆ 뱀이 일반적으로 움직이는 방법

●의 부분에서 몸통을 꾹 누르며 구부리는 동작을 반복하면서 구불구불 앞으로 나간다.

다. 뱀장어나 강이 구부러진 모양과 비슷한 곡선이지만 이를 정확히 파악하는 일은 매우 중요합니다. 로봇을 만들 때 어떤 구조를 어디에 적용해야 효율적일지, 어떤 형태를 어떻게 연결하면 좋을지 신중히 결정해야 하기 때문입니다. 뱀이 그리는 곡선을 정확히 파악하는 일은 이렇게 로봇의 전 제작 과정과 연결됩니다.

바닥 상태를 바꿔 얼음이나 철망, 유리 구슬을 깔아 놓은 곳이나 물 위나 거친 땅 등 다양한 환경에서 실험을 하며 뱀의 움직임을 확인했습니다. 진짜 뱀의 움직임은 어떤 기계도 따라잡을 수 없을 만큼 정교합니다. 어려운 일이긴 해도 그 정교한 움직임을 로봇에 최대한 반영해야겠지요. 뱀 로봇이 활약하는 현장은 다양한 장애물이 존재하는 곳이기 때문입니다.

로봇을 만드는 데 필요한 뱀의 구조를 파악하긴 했지만 뱀의 움직임에는 아직 우리가 알지 못하는 부분이 많습니다. 이 모든 것을 알아낸다면 미래에는 더 진화된 로봇을 개발할 수 있지 않을까요?

영차! 영차!

총 길이 2m

20개를 연결해서 움직였다.

촉각 센서

호호호

해냈어!!

와

세계 최초의 뱀 로봇 탄생!

1972년 12월 26일 밤, 드디어 시작품 ACM Ⅲ의 시험 운전을 하는 날이 다가왔습니다. 과연 뱀처럼 움직일 수 있을까요?

전원을 넣었더니 머리 쪽부터 점차 구부러지기 시작해서 몸통의 절반이 구부러지자 앞으로 쓱쓱 나아가기 시작했습니다. 그 움직임이 정말 뱀과 같았지요! 알루미늄과 철로 만들어진 기계가 마치 살아 있는 것처럼 유연하게 움직이기 시작한 것입니다! 히로세 시게오 씨는 그 순간의 감격을 지금도 잊을 수 없다고 회상하곤 합니다.

하지만 살아 있는 생물은 움직이기만 하는 것이 아니죠. 생물은 주변의 다양한 상황을

나노군 인터뷰!

뱀 로봇을 개발한
히로세 시게오 씨에게 들어 보겠습니다

로봇 연구자라기보다 사람에게 도움을 주는 물건을 만드는 엔지니어가 되고 싶습니다. 중요한 것은 사용하는 목적입니다. 복잡한 로봇보다 때로는 단순한 기중기가 더 친숙하고 유용할 때가 있지요? 그럴 때는 목적에 맞는 도구가 있으면 그걸로 충분합니다. 무엇이든 로봇으로 만든다고 해서 좋은 것은 아니라고 생각합니다.

미래 사회에서는 사람들이 어떤 생활을 더 행복하다고 느낄지 신중하게 생각해 보아야 합니다. 예를 들어 노인이나 아이를 돌봐 주는 로봇을 개발하는 일도 이러한 관점에서 생각해야겠지요. 사람이 직접 하기 때문에 의미가 있는 일은 매우 많습니다. 사람의 손으로 해야 하는 일을 점점 기계에

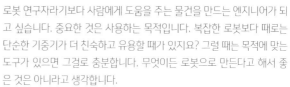

맡기다 보면 그 끝에는 어떤 사회가 우리를 기다리고 있을까요? 거기에는 분명 우리가 추구하는 행복은 존재하지 않을 겁니다.

노인을 돌보는 일 역시 대소변 처리를 도와줄 때는 어느 정도 로봇이 유용하다고 생각하지만, 노인을 상대하는 일이 지치고 힘들기 때문에 로봇화하는 편이 낫다는 의견에는 찬성할 수 없습니다.

다재다능한 로봇 개발에만 집중한다면 그것은 연구자의 자기만족이 될 뿐입니다. 로봇 기술이란 어디까지나 인간관계가 더 나아지고 친밀해지기 위해 사용해야 한다는 것이 제 신념입니다.

* 이 인터뷰는 인터넷 잡지 《임프레스impress》에 실린 모리야마 카즈미치의 인터뷰 내용을 저자의 허락을 받아 재구성했다.
(출처= http://robot.watch.impress.co.jp/cda/column/2006/09/01/150.html)

13

감지하며 움직입니다. 그래서 다음으로 추가한 것이 촉각 센서입니다. 몸통의 양 측면을 따라 촉각 센서를 부착하고 이들 센서가 컴퓨터로 정보를 보내면 컴퓨터가 정보를 분석한 후 동작을 지시합니다. 주변 상황을 스스로 판단할 수 있게 된 겁니다. 세계 최초의 뱀 로봇인 ACM Ⅲ의 뒤를 이어 더욱 진화된 뱀 로봇들이 세계 곳곳에서 연이어 탄생하고 있습니다.

구불구불 스르륵,
뱀 로봇은 진화 중!

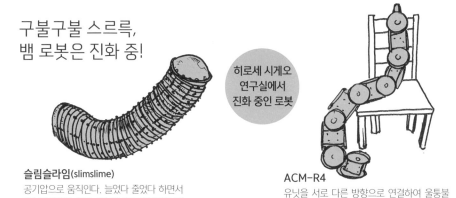

히로세 시게오
연구실에서
진화 중인 로봇

슬림슬라임(slimslime)
공기압으로 움직인다. 늘었다 줄었다 하면서 구부러지기도 한다. 전체적으로 매끈하고 가느란 몸통이 특징이다.

ACM-R4
유닛을 서로 다른 방향으로 연결하여 울퉁불퉁한 환경에 강하다. 장애물이 많은 곳에서도 활약할 수 있다.

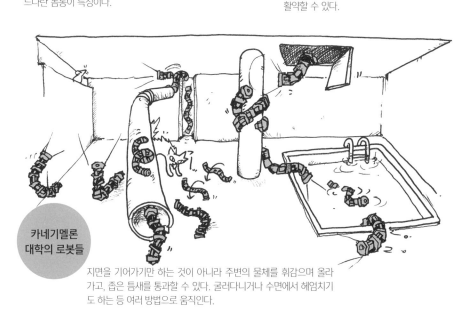

카네기멜론
대학의 로봇들

지면을 기어가기만 하는 것이 아니라 주변의 물체를 휘감으며 올라가고, 좁은 틈새를 통과할 수 있다. 굴러다니거나 수면에서 헤엄치기도 하는 등 여러 방법으로 움직인다.

* 슬림슬라임이나 ACM-R4에 대해서는 '히로세 후쿠시마 연구실'로, 카네기멜론대학의 로봇은 'Carnegie Mellon University+Modular Snake Robots'으로 검색하면 더 많은 내용을 알 수 있다. 이 외에도 여러 나라에서 뱀 로봇을 연구·개발하고 있다.

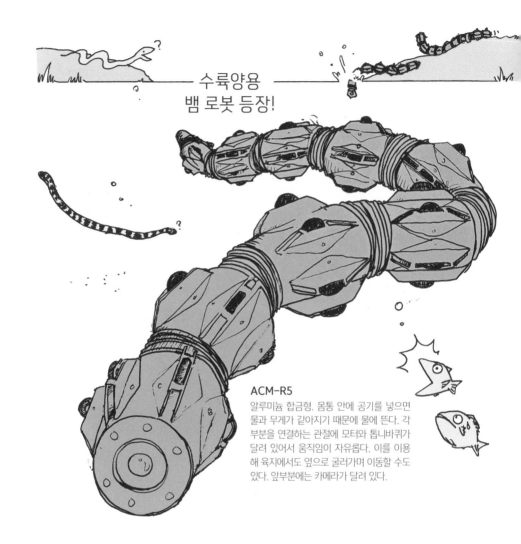

수륙양용 뱀 로봇 등장!

ACM-R5
알루미늄 합금형. 몸통 안에 공기를 넣으면 물과 무게가 같아지기 때문에 물에 뜬다. 각 부분을 연결하는 관절에 모터와 톱니바퀴가 달려 있어서 움직임이 자유롭다. 이를 이용해 육지에서도 옆으로 굴러가며 이동할 수도 있다. 앞부분에는 카메라가 달려 있다.

뱀은 육지뿐 아니라 물속을 헤엄칠 수도 있습니다. 대표적인 예가 바다뱀입니다. 바다뱀에서 영감을 얻어 히로세 시게오 씨는 수륙양용 로봇을 개발했습니다. 물속에서는 몸통에 부착한 물갈퀴 판이 물을 밀어내 추진력을 얻습니다. 육지에서는 물갈퀴 판에 달린 작은 바퀴가 그 역할을 대신합니다.

그 외에도 뱀을 본떠서 물건을 살며시 집어 드는 손처럼 생긴 로봇이나, 부드럽게 늘어나 작업을 수행하는 팔처럼 생긴 로봇도 탄생했습니다. 실용화되기까지는 아직 수많은 과제가 남아 있지만 언젠가 이러한 뱀 로봇들이 우리의 생명을 구해 줄 날이 올지도 모릅니다.

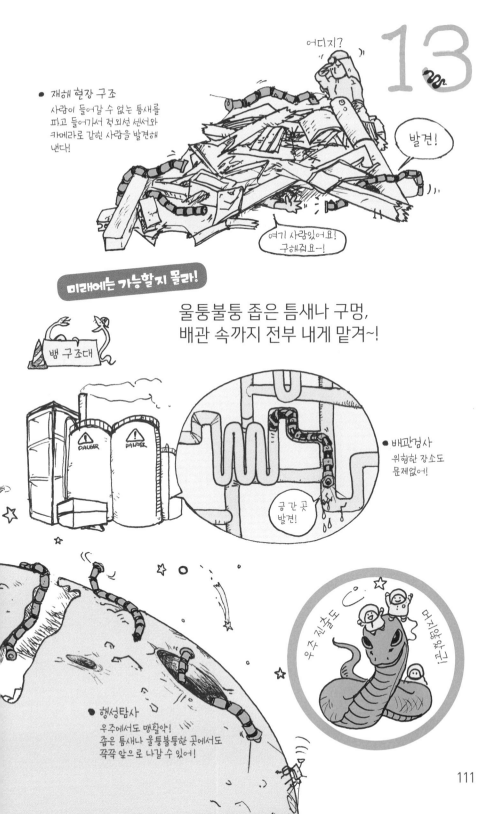

깊은 물속에서 눈이 아니라 소리로 물고기를 찾아내요!

돌고래는 대단해요!

어종까지 알아내는 어군탐지기

돌고래에서
배운 기술

이리저리 헤엄치는 물고기를 솜씨 좋게 몰아서 한입에 덥석! 돌고래는 시야가 흐릿한 물속에서도 마치 뚜렷하게 앞이 보이기라도 하는 듯 물고기를 정확히 찾아냅니다. 얼마나 정확한지 마치 초능력을 쓰는 것 같아요. 돌고래는 정말 대단해요!

강에 사는 돌고래 중에는 눈이 퇴화해서 앞이 거의 보이지 않는 종도 있다.

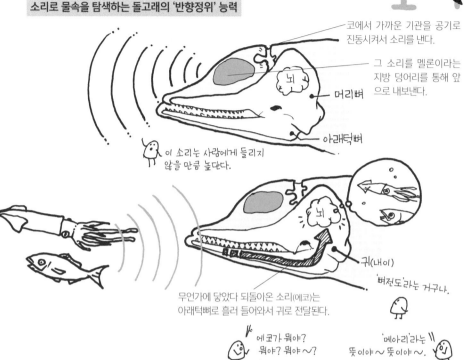

14

소리로 물속을 탐색하는 돌고래의 '반향정위' 능력

코에서 가까운 기관을 공기로 진동시켜서 소리를 낸다.

그 소리를 멜론이라는 지방 덩어리를 통해 앞으로 내보낸다.

머리뼈

아래턱뼈

이 소리는 사람에게 들리지 않을 만큼 높다다.

뇌

귀(내이)

'뼈전도'라는 거구나.

무언가에 닿았다 되돌아온 소리(에코)는 아래턱뼈로 흘러 들어와서 귀로 전달된다.

에코가 뭐야? 뭐야? 뭐야~?

'메아리'라는 뜻이야~ 뜻이야~.

돌고래는 눈 대신에 소리로 앞을 본다고?

육지에 있으면 몇 킬로미터 앞까지도 볼 수 있지만 물속에서는 그렇지 못합니다. 투명해 보이는 물속이지만 빛이 멀리까지 도달하지 않아 조금만 떨어져도 잘 보이지 않죠. 그런데 돌고래는 앞이 거의 보이지 않는 탁한 물속에서도 물고기를 잡을 수 있습니다. 대체 어떻게 가능한 걸까요?

돌고래는 물고기를 한 마리씩 잡아먹기 때문에 먹이를 잡기 위해서는 물고기 한 마리 한 마리의 위치를 정확히 알아야만 합니다. 또한 먹을 수 있는 물고기인지 떠다니는 나뭇가지 인지 그 정체를 확인할 필요도 있지요. 돌고래는 이러한 것들을 파악하는 능력이 있습니다.

돌고래가 소리를 내면 그 소리가 어딘가에 부딪혀 돌고래에게 되돌아옵니다. 돌고래는 이러한 메아리를 감지해 물체의 모습이나 형태를 알아내 지요. 즉, 빛에 의지해서 눈으로 앞을 보는 것이 아니라 소리로 물 체의 크기, 방향, 거리 등을 감지해 움직이는 것입니다. 이런 능력 을 '반향정위(echolocation)'라고 합니다.

113

소리로 물체의 모양을 알 수 있어!

돌고래는 소리로 물체의 모습을 알아낸다고 합니다. 대체 소리로 어떤 사실을 알아낼 수 있을까요? 특별히 초능력이 필요한 건 아니랍니다. 한번 실험해 볼까요?

눈으로 보지 않고 두드려서 나는 소리만 들어도 그 물체가 얼마나 속이 차 있는지, 어떤 물질로 되어 있는지 등 여러 가지 사실을 알아낼 수 있습니다.

실험1 안이 가득 찼는지 소리로 구분할 수 있을까?

똑같은 컵을 같은 숟가락으로 두드려도 컵에 담긴 물의 양에 따라 각기 다른 소리가 난다.

손으로 두드려 봐서 '퉁!' 하고 맑은 소리가 나면 속이 찬 수박이고, '툭!' 하고 둔탁한 소리가 나면 속이 다 차지 않은 수박이다.

실험2 무엇으로 만들어졌는지 소리로 구분할 수 있을까?

114

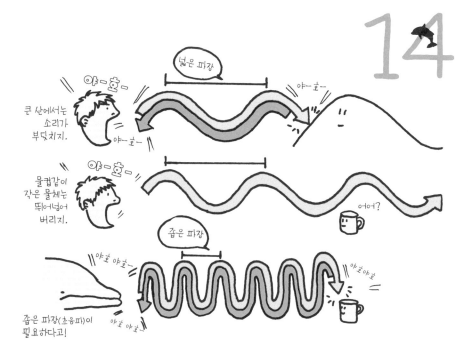

넓은 파장

큰 산에서는 소리가 부딪치지.

야-호-

야-호-

물컵같이 작은 물체는 뛰어넘어 버리지.

야-호-

어어?

좁은 파장

야호 야호-

야호야호

좁은 파장(초음파)이 필요하다고!

야호 야호-

작은 물체에는 좁은 파장의 소리가 닿는다!

이번에는 물체를 직접 두드리지 않고 물체에 소리가 닿으면 어떻게 되는지 알아볼게요.

위의 그림을 보세요. 먼 산을 향해 큰 소리로 외치면 메아리가 되돌아오지요? 이것이 물체에 소리가 닿았을 때 일어나는 현상입니다. 다만, 사람의 목소리로는 물컵처럼 작은 물체를 향해 소리를 질러도 메아리를 일으키지 않습니다.

소리는 공기나 물을 진동시키며 파도처럼 앞으로 나아갑니다. 그런데 사람의 목소리는 파장이 너무 커서 물컵을 뛰어넘어 버리지요. 작은 물체에 소리가 닿으려면 파장이 더 좁아야만 합니다. 돌고래처럼 높은음, 즉 '초음파'를 내보내야 한답니다.

박사님, 알려주세요!

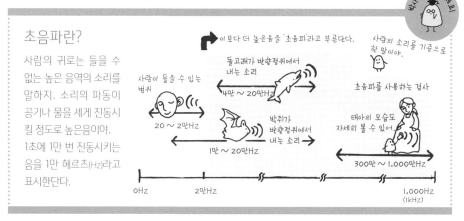

초음파란?

사람의 귀로는 들을 수 없는 높은 음역의 소리를 말하지. 소리의 파동이 공기나 물을 세게 진동시킬 정도로 높은음이야. 1초에 1만 번 진동시키는 음을 1만 헤르츠(Hz)라고 표시한단다.

사람이 들을 수 있는 범위

20 ~ 2만Hz

이보다 더 높은음을 '초음파'라고 부른단다.

사람의 소리를 기준으로 한 말이야.

돌고래가 반향정위에서 내는 소리

4만 ~ 20만Hz

박쥐가 반향정위에서 내는 소리

1만 ~ 20만Hz

초음파를 사용하는 검사

태아의 모습도 자세히 볼 수 있어.

300만 ~ 1,000만Hz

0Hz

2만Hz

1,000Hz (1kHz)

돌고래 같은 어군탐지기가 있다면?

돌고래처럼 정확하게 물고기를 발견할 수 있다면 어부들은 큰 도움을 받을 수 있을 테지요. 현재 사용하고 있는 어군탐지기는 '물고기 떼'의 존재 여부를 알아낼 수는 있지만 그물을 걷어올릴 때까지 어떤 물고기를 잡았는지는 알 수 없습니다.

어군탐지기도 소리를 보내서 물고기에 반사되는 메아리(에코)로 물고기 떼를 찾아낸다는 점에서는 돌고래와 같은 방법을 사용합니다. 하지만 사용하는 소리는 다릅니다. 돌고래는 여러 가지 높이의 소리를 동시에 낼 수 있지만 이제까지의 어군탐지기는 기본적으로 한 가지 높이의 소리로 물고기 떼를 찾아냅니다. 그렇게 하는 편이 배의 엔진에서 나는 잡음과 섞이지 않으며, 가까이 있는 다른 어선의 소리와도 구분할 수 있기 때문입니다.

그런데 단점도 있습니다. 같은 높이의 소리만 사용하면 반사되는 소리의 '강약' 정보밖에 얻지 못합니다. 물고기 떼 전체에서 반사되는 메아리의 크기로 대략의 수를 추측할 뿐입니다. 또한 물고기가 서로 50cm 이상 떨어지지 않은 채 가까이 붙어서 이동하면 그 무리가 몇십 마리인지 혹은 몇 마리밖에 없는지 구분할 수 없습니다.

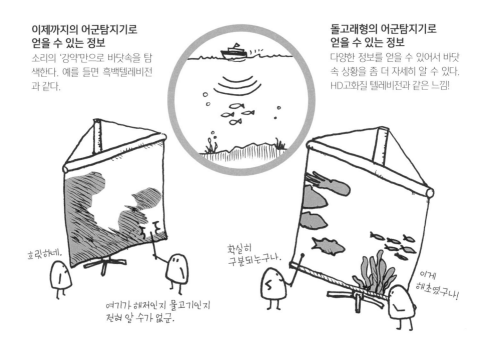

**이제까지의 어군탐지기로
얻을 수 있는 정보**
소리의 '강약'만으로 바닷속을 탐색한다. 예를 들면 흑백텔레비전과 같다.

**돌고래형의 어군탐지기로
얻을 수 있는 정보**
다양한 정보를 얻을 수 있어서 바닷속 상황을 좀 더 자세히 알 수 있다. HD고화질 텔레비전과 같은 느낌!

호릿하네.

여기가 해저인지 물고기인지
전혀 알 수가 없군.

확실히
구분되는구나.

이게
해초였구나!

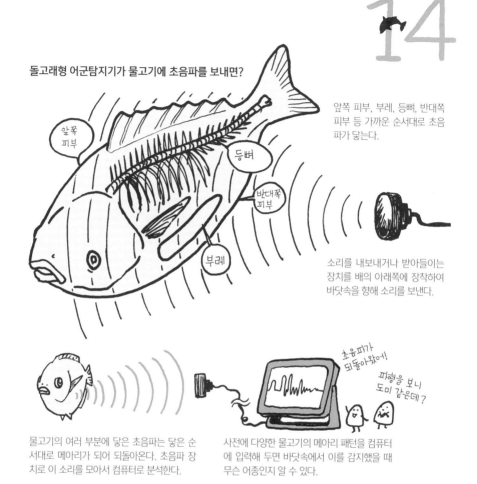

돌고래형 어군탐지기가 물고기에 초음파를 보내면?

앞쪽 피부

등뼈

반대쪽 피부

부레

앞쪽 피부, 부레, 등뼈, 반대쪽 피부 등 가까운 순서대로 초음 파가 닿는다.

소리를 내보내거나 받아들이는 장치를 배의 아래쪽에 장착하여 바닷속을 향해 소리를 보낸다.

초음파가 되돌아왔어!

피형을 보니 도미 같은데?

물고기의 여러 부분에 닿은 초음파는 닿은 순 서대로 메아리가 되어 되돌아온다. 초음파 장 치로 이 소리를 모아서 컴퓨터로 분석한다.

사전에 다양한 물고기의 메아리 패턴을 컴퓨터 에 입력해 두면 바닷속에서 이를 감지했을 때 무슨 어종인지 알 수 있다.

    이러한 단점을 보완하기 위해 돌고래를 모방하여 더 정밀한 어군탐지기를 개발해 내려는 연구자가 나타났습니다. 돌고래의 반향정위를 연구하던 아카마쓰 토모나리 씨입니다. 그는 다른 연구진들과 함께 돌고래처럼 여러 높이의 소리를 내는 새로운 어군탐지기를 개발하고 있습니다.

    돌고래형 어군탐지기는 물고기끼리 8cm만 떨어져 있어도 한 마리씩 감지해 낼 수 있습니 다. 돌고래는 물고기에 소리가 닿으면 물고기의 부레와 등뼈, 피부 등 몸의 다양한 곳에서 반 사되는 소리의 시차로 물고기의 위치뿐 아니라 그 물고기의 형태나 크기까지 구분한다고 합 니다. 돌고래형 어군탐지기도 돌고래와 같은 방법으로 물고기에서 반사되는 소리를 분석하 여 물고기의 종류나 몸집을 알아낼 수 있습니다. 게다가 물고기 한 마리 한 마리의 움직임을 알 수도 있으며, 물고기가 헤엄쳐 가는 방향까지 알아낸다고 합니다.

눈으로 보는 것처럼 바닷속을 탐색할 수 있다면!

일본뿐 아니라 여러 나라에서도 새로운 어군탐지기의 연구가 진행되고 있습니다. 아직은 100% 적중하지는 못하지만, 머지않아 더 정확하게 바닷속 물고기를 구분해 낼 수 있겠지요. 그렇게 되면 어린 물고기나 상품가치가 없는 물고기, 점점 수가 줄어들고 있는 물고기를 피해서 그물을 설치해 필요한 물고기만 필요한 양만큼 잡을 수 있을 거예요.

이제까지의 어군탐지기도 유용한 점이 있습니다. 음파를 멀리까지 보낼 수 있어서 넓은 범위를 탐색할 때 적합하죠. 돌고래형과 기존의 방식을 조합한 어군탐지기의 개발이 현재 순조롭게 진행되고 있답니다.

**돌고래형의 어군탐지기가 완성된다면
물고기를 잡기 전에 이런 정보를 얻을 수 있어요!**

돌고래형 어군탐지기를 연구한 아카마쓰 토모나리 씨에게 들어 보겠습니다

먼저 돌고래의 반향정위를 연구하는 일부터 시작했습니다. 그리고 상괭이라는 소형 돌고래에 마이크를 달아서 기록하는 전례 없는 실험에 도전했지요.
돌고래의 피부에 빨판으로 장치를 부착하는 일은 쉽지 않았습니다. 빨판을 제 배에 직접 부착해 보는 실험을 하기도 했지요. 실험을 준비하는 과정도 어려움의 연속이었습니다. 눈 깜짝할 사이에 돌고래 몸에서 빨판이 떨어지는 모습을 보며 큰 고민에 쌓였지요. 하지만 온갖 아이디어를 짜내서, 결국에는 쉽게 구할 수 있는 재료로 장치를 다시 만들어 완벽한 성공을 거두었습니다. 첨단기술은 평범한 기술이 바탕이 되어야 한다는 사실을 실감했습니다.

돌고래에서 배운 기술로 생명도 구해요!

　새로운 어군탐지기가 개발된다면 바다에서 조난된 사람을 찾을 때도 유용합니다. 바다 위의 헬리콥터에서는 파도 때문에 조난된 사람을 찾기가 어렵습니다. 하지만 성능이 뛰어난 어군탐지기가 있다면 초음파로 찾아낼 수 있지요. 돌고래를 모방해서 만든 탐지기로 바다 환경과 안전을 지키는 멋진 미래가 오기를 기대해 봅니다!

꾸며도 보고
색칠도 해 봐요!

슬금슬금

15

아무리 더워도 자연 바람으로 집 안은 늘 시원해요!

흰개미는 대단해요!

에어컨이 필요 없는 건물

흰개미에서 배운 기술

흰개미는 세계 곳곳에서 다양한 방식으로 살고 있지만 아프리카처럼 덥고 건조한 지역에서는 커다란 탑을 만든다. 높이가 5m 넘는 탑도 있다.

평야에 기묘한 모양의 탑이 길쭉하게 솟아 있네요. 바깥 기온이 40~50℃까지 올라가도 탑 내부는 신기하게도 약 30℃를 유지합니다. 이 탑은 흰개미가 사는 집이랍니다. 환기 장치나 에어컨 같은 기계는 당연히 없습니다. 쾌적하게 생활할 수 있도록 온도가 조절되는 집을 짓다니, 흰개미는 정말 대단해요!

15

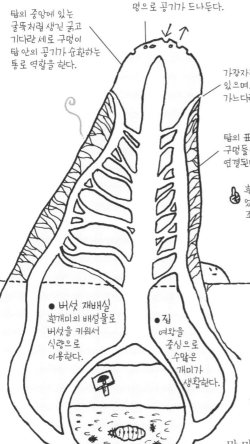

흰개미 탑의 단면도

탑의 중앙에 있는 굴뚝처럼 생긴 굵고 기다란 세로 구멍이 탑 안의 공기가 순환하는 통로 역할을 한다.

탑의 꼭대기에 있는 작은 구멍으로 공기가 드나든다.

가장자리에도 세로로 구멍이 있으며, 중앙의 세로 구멍과 가느다란 통로로 연결된다.

탑의 표면과 가장자리의 세로 구멍들이 매우 미세한 터널로 연결된다.

흰개미는 이 터널의 출구를 흙으로 열었다 닫았다 하면서 탑 내부의 기온을 조절한다.

더우니까 열자~!

● 버섯 재배실
흰개미의 배설물로 버섯을 키워서 식량으로 이용한다.

● 집
여왕을 중심으로 수많은 개미가 생활한다.

　　사실 흰개미들은 이 탑이 아니라 땅 속에 있는 집에서 생활합니다. 그런데 땅 위로 이렇게 높은 탑을 짓는 이유는 대체 뭘까요?

　　흰개미의 탑에는 여왕을 중심으로 수백만 마리가 생활하고 있습니다. 탑 안으로 항상 신선한 공기가 들어가지 않으면 살아갈 수 없습니다. 게다가 열대 지방에서는 바깥 기온이 40~50℃까지 오르곤 합니다. 이런 무더위 역시 흰개미가 이겨 내야 할 장벽입니다. 그래서 흰개미는 탑에 정성껏 공을 들여 살기 좋은 환경을 만들어 냈습니다.

　　단지 바람만 통하게 하는 거라면 커다란 창을 만들어서 바람이 불기를 기다리면 되겠지만, 바깥 열기와 함께 외적으로부터도 집을 보호해야 하므로 큰 창이 활짝 열리는 집은 적당하지 않습니다. 그래서 흰개미는 튼튼한 벽이 있으면서도 내부의 통로를 이용해 환기와 온도를 조절할 수 있는 쾌적한 집을 지은 것입니다.

123

흰개미 무덤은 바람을 마음대로 조절할 수 있어!

흰개미의 탑 중앙에 긴 통로가 있고 탑 가장자리에 작은 구멍들이 둘러 있어 공기가 통하는 길이 많다고는 해도, 엄청나게 센 바람이 불지 않는 이상 큰 창문도 없는 탑 안에서 어떻게 공기가 순환하는 걸까요?

그건 이 탑에 몇 가지 비밀이 숨겨져 있기 때문입니다. 바람이 불면 바람을 맞는 탑의 반대편과 탑 꼭대기의 공기가 옅어집니다(공기압이 낮아집니다). 그러면 탑 안의 공기가 공기압이 낮아진 곳으로 이동하여 탑 반대쪽이나 꼭대기 쪽으로 자연스럽게 빠져나갑니다. 그리고 빠져나간 공기의 공간을 새로운 공기가 들어와 대신 채우는 것이지요.

탑의 높이도 중요합니다. 바람이 불면 지면 가까이에서는 울퉁불퉁한 지표면의 방해를 받아 바람의 속도가 늦어집니다. 반대로 탑의 꼭대기 쪽은 바람을 방해하는 요인이 없어서 바람의 속도가 빠른 그대로이지요. 바람이 빨라질수록 공기가 옅어지는 현상은 뚜렷해집니다. 탑 전체에 바람을 맞으면 탑의 윗부분이 탑 아래쪽보다 공기가 옅어지며, 그렇게 되면 탑 안의 공기도 영향을 받아 위쪽으로 이동하게 됩니다.

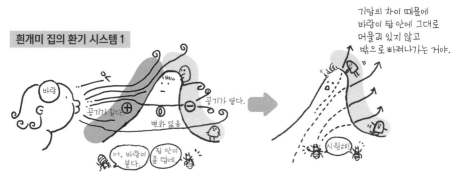

탑에 바람이 불면, 바람을 정면으로 맞은 쪽은 공기가 짙어지고(⊕), 반대쪽과 꼭대기의 공기는 옅어진다(⊖).

공기가 옅어진 쪽으로 탑 안의 공기가 이동하면서 바깥으로 빠져나간다.

지면 가까이에서는 바람이 울퉁불퉁한 지면에 닿아 천천히 불어 공기에 변화가 없지만, 탑의 높은 곳에서는 아무런 방해 없이 바람이 빠르게 불기 때문에 공기가 옅어지면서 탑 안의 공기가 위쪽으로 빠져나간다.

흰개미의 탑에는 비밀이 한 가지 더 있습니다. 그것은 탑 중앙의 넓은 구멍입니다. 집 안에서 흰개미가 활동을 하면 그 주변의 공기가 따뜻해집니다. 공기가 따뜻해지면 가벼워지므로 마치 연기가 위로 올라가듯이 따뜻한 공기가 위쪽으로 올라가지요. 이때 중앙의 세로 구멍이 굴뚝 역할을 합니다.

또한 탑의 가장 높은 곳의 공기는 낮 동안 햇볕을 받아 탑의 어느 부분보다도 따뜻해집니다. 따뜻한 곳에서 가벼워진 공기는 바깥으로 쉽게 빠져나가겠지요. 공기가 엷어진 윗부분의 자리를 채우기 위해 탑 아래쪽에서 공기가 다시 위로 올라갑니다. 이렇게 위아래로 난 긴 세로 구멍으로 공기가 움직이면서 탑 내부의 공기가 순환하게 됩니다.

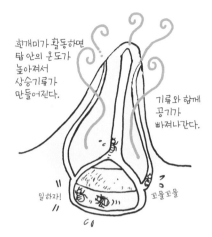

흰개미 집의 환기 시스템 3

흰개미가 활동하면 탑 안의 온도가 높아져서 상승기류가 만들어진다.

기류와 함께 공기가 빠져나간다.

일하자!

꼬물꼬물

* 흰개미 탑의 환기 시스템에 관해 아직 완전히 해명된 것은 아니다. 여러 주장이 있으며 다양한 분야에서 연구가 진행되고 있다.

흙으로 만든 벽이 가습기와 건조기 역할을?

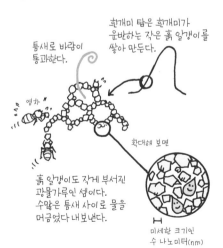

틈새로 바람이 통과한다.

흰개미 탑은 흰개미가 운반하는 작은 흙 알갱이를 쌓아 만든다.

영차

확대해 보면

흙 알갱이도 작게 부서진 광물가루인 셈이다. 수많은 틈새 사이로 물을 머금었다 내보낸다.

미세한 크기인 수 나노미터(nm)

공기가 건조해지면 벽에 머금은 수분을 내보내고, 습할 때는 반대로 주변의 수분을 빨아들여 습도를 조절한다.

흰개미 탑의 벽은 단순한 벽이 아닙니다. 흰개미가 한 알 한 알 정성 들여 흙으로 쌓아 올린 벽이지요. 흰개미는 흙과 배설물, 타액을 섞어 구슬 모양으로 만들어 이것을 아치형으로 쌓아 올립니다. 그래서 벽에는 작은 구멍이 잔뜩 뚫려 있답니다.

이 흙 알갱이에도 매우 작은 틈새가 있습니다. 이 틈새는 공기는 물론이고 수분을 머금었다 내보내는 뛰어난 기능을 수행합니다. 덕분에 바깥이 매우 건조하거나 비가 계속 내릴 때라도 탑 안은 언제나 흰개미가 생활하기 좋은 습도와 온도로 조절된답니다.

우리 인간도 질 수 없지!

흰개미는 혹독한 더위를 견딜 수 있도록 정교하게 고안된 방법으로 살아가고 있습니다. 이러한 흰개미처럼 우리 인간도 오래전부터 그 지역의 기후와 환경에 알맞은 집을 짓고 살아왔지요. 옛날에는 에어컨이 없었기 때문에 바람이 부는 방향이나 공기의 흐름을 이용하여 쾌적하게 지낼 수 있는 건물을 지었습니다.

더운 지방에서는 공기가 잘 통하는 구조로 건물을 지어 열이 건물 안에 머물지 않게 했죠. 추운 지방에서는 낮 동안 모인 열이 빠져나가지 않도록 건물을 지었습니다. 그렇다면 흰개미에게 뒤지지 않을 만큼 바람이 잘 통하게 설계된 세계의 건축물들을 한번 살펴보겠습니다.

유럽 남부지방의 안마당

낮 동안 강한 햇볕을 받아 따뜻해진 공기는 위로 올라가고 건물 바깥에서 공기가 다시 들어오기 때문에 건물 안으로 바람이 통한다.

파키스탄의 바람이 통하는 탑

각 방의 옥상에 탑을 만들고 바람 통풍구를 설치하여 바람이 집 안으로 들어가게 한다. 이 지역은 항상 같은 방향에서 바람이 불어오기 때문에 통풍구의 방향이 고정되어 있다.

이란의 바람 잡는 탑

바람을 잡는 탑 안은 이렇게 생겼어!

바깥으로 빠져나간 공기

바람이 부는 방향으로 탑을 세워서 바람이 들어오게 하지. 수로를 통해서도 바람이 들어와서 더 시원하다다.

바람이 수로를 지나면서 더 시원해져

바람이 불 때는 집 안으로 바람이 들어가며, 바람이 불지 않을 때는 태양열로 따뜻해진 탑 안의 공기가 위로 올라가는 흐름을 만들어 건물 내부 공기를 환기시킨다.

솟을지붕 → 　　　　　　　흙벽 창고

지붕 위에 작은 지붕을 하나 더 얹어서 바람이 통하는 길을 만들었다. 빛이 들어오는 창문의 기능도 있다.

습도를 조절할 수 있는 흙의 성질을 이용하여 습기에 약한 물건을 보관했다. 두꺼운 흙벽으로 둘러싸여 습도의 변화가 적으며 화재에도 강하다.

자연의 힘을 빌린 건축물 속 생활의 지혜

주거 환경에 관한 지혜는 일본에서도 찾아볼 수 있습니다. 예를 들어 흙으로 습도를 조절하는 두꺼운 토벽이나 지붕 위에 바람길을 만들어 놓은 '솟을지붕'이 있습니다. 솟을지붕은 건물 가장 높은 곳에 바람길을 만들어 집 안 전체에 공기의 흐름을 만듭니다. 마치 탑 정상에 바람구멍이 있는 흰개미 집을 따라 한 게 아닐까 생각될 정도지만, 일본에는 큰 탑을 만드는 흰개미가 살지 않는답니다. 옛날 사람들은 어떻게 하면 바람이 잘 통할지 자연을 주의 깊게 관찰하여 멀리 떨어진 열대 지방의 흰개미와 같은 지혜를 얻게 된 것입니다.

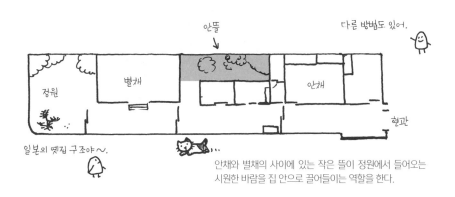

안뜰

다른 방법도 있어.

정원　　별채　　　　　　안채

현관

일본의 옛집 구조야~.

안채와 별채의 사이에 있는 작은 뜰이 정원에서 들어오는 시원한 바람을 집 안으로 끌어들이는 역할을 한다.

흰개미의 집을 모방한 쇼핑센터가 등장하다!

그런데 지금은 옛 건축물을 만들었던 지혜가 점점 사라지고 있습니다. 현대에는 콘크리트를 사용해 바람이 잘 통하지 않는 건물이 늘고 있지요. 분명히 튼튼하고 화재에도 강하며 외풍이 들어오지 않아 따뜻하다는 장점도 있지만, 대신 꼭 필요한 바람까지 잘 통하지 않게 되었습니다. 시원하게 하려면 전력을 대량으로 사용하는 냉방을 하는 수밖에 없지요. 도시에는 창문이 열리지 않는 빌딩도 많아서 공기를 순환시키려면 전력을 사용하는 환기 장치에 의존해야만 합니다. 특히 더운 지역에서는 이러한 상황이 더 심각한 문제가 되고 있습니다.

1996년 흰개미의 집 구조를 본떠서 만든 현대적인 빌딩이 건축되었습니다. 빌딩이 세워진 곳은 아프리카의 짐바브웨라는 나라입니다. 커다란 탑을 만드는 흰개미가 진짜로 살고 있는 열대 지방의 나라이지요. 쇼핑센터로 건축된 이 빌딩은 굴뚝을 통해 아래에서 위로 공기의 흐름을 만들어 통로나 벽 사이를 통해 공기를 순환시킵니다. 생활공간에 공기의 흐름을 만들어 환기하는 빌딩의 기본 구조가 흰개미의 집과 완전히 똑같습니다.

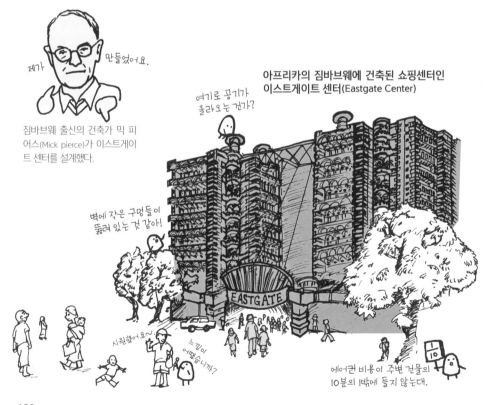

제가 만들었어요.

짐바브웨 출신의 건축가 믹 피어스(Mick pierce)가 이스트게이트 센터를 설계했다.

아프리카의 짐바브웨에 건축된 쇼핑센터인 이스트게이트 센터(Eastgate Center)

여기로 공기가 올라오는 건가?

벽에 작은 구멍들이 뚫려 있는 것 같아!

EASTGATE

시원했어요~

느낌이 어떻습니까?

에어컨 비용이 주변 건물의 10분의 1밖에 들지 않는대.

자연 바람이 통하는 단독 주택!

여닫을 수 있는 환기구

겨울에는 닫는다.

여름에는 연다.

자연 환기 주택
바닥 밑으로 새로운 공기가 들어가고, 지붕의 통기구멍을 통해 실내의 공기가 빠져나오면서 집 안이 환기된다. 흰개미의 탑과 매우 비슷한 구조.

집의 외벽과 내벽 사이에 공기가 통하는 길을 만들었다. 에어컨 사용은 최소한으로!

바람이 통과하는 틈새

에코빌리지 마쓰도
계절마다 바뀌는 바람의 방향을 분석하여 지은 일본의 다세대 주택이다. 여름에는 바람이 통하고, 겨울에는 바람이 흘러 나가도록 건물을 배치했다.

쉘컴 센다이
일본의 센다이 시의 돔 경기장. 천장 주름의 환기구가 자연스럽게 공기를 순환시킨다.

주름으로 공기가 통과해요!

주름 모양의 천장

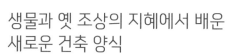

바람

밖으로 나가는 공기

소일 세라믹(soil ceramic)
흙의 입자 사이가 막히지 않게 구운 타일. 습도를 조절하거나 냄새를 흡수한다.

생물과 옛 조상의 지혜에서 배운 새로운 건축 양식

이스트게이트 센터 외에도 자연적인 바람의 흐름을 효과적으로 이용한 건물이 잇달아 건축되고 있습니다. 흰개미를 포함한 지구의 생물이 몇만 년 몇백만 년에 걸쳐 완성한 삶의 방식과, 자연에 어우러진 삶을 살았던 조상의 지혜를 본받는다면 요즘 시대의 건물을 건축하는 데도 큰 도움이 되지 않을까요?

바람이나 충격에도 끄떡없는 육각형 집을 지어요!

벌은 대단해요!

가볍고 튼튼한 육각형 구조

벌에서 배운 기술

꿀벌은 얇은 판으로 된 육각형 방이 줄지어 있는 집을 만든다. 꿀벌 외에 육각형 집을 만드는 벌은 말벌과 쇠바더리가 있다.

벌집을 보면 육각형 방이 나란히 연결되어 있습니다. 벌은 자나 각도기를 이용해서 집을 짓지는 않습니다. 지시를 내리는 감독관이 따로 있는 것도 아니지요. 그런데도 모두가 정확한 육각형의 방을 만들고 틈새도 없이 연결하여 집을 완성합니다. 벌은 정말 대단해요!

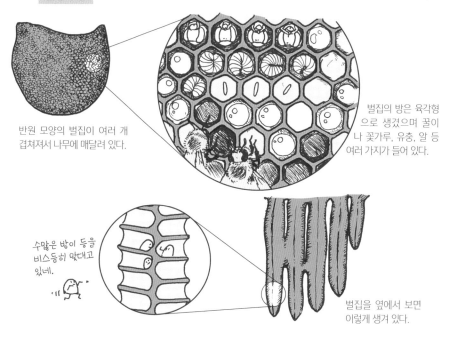

꿀벌의 집

반원 모양의 벌집이 여러 개 겹쳐져서 나무에 매달려 있다.

벌집의 방은 육각형으로 생겼으며 꿀이나 꽃가루, 유충, 알 등 여러 가지가 들어 있다.

수많은 방이 등을 비스듬히 맞대고 있네.

벌집을 옆에서 보면 이렇게 생겨 있다.

육각형으로 지은 방들이 꿀벌의 집이라고?

벌이라고 하면 많은 사람은 꿀벌을 먼저 떠올립니다. 하지만 야생 꿀벌의 집을 본 사람은 별로 없을 거 같습니다. 벌집이 어떻게 생겼는지 알고 있나요?

야생 꿀벌의 집은 납작한 반원 모양입니다. 반원의 양쪽에 작은 육각형 방이 촘촘히 연결되어 있지요. 육각형 방은 꽃에서 채취한 꿀이나 꽃가루를 모아 두기도 하고, 어린 벌을 키우는 데 사용하기도 하므로 충격을 받아 쉽게 무너져서는 안 됩니다. 하지만 꿀벌이 콘크리트나 철골로 집을 지을 수는 없는 일이지요.

자연에서는 그런 재료를 손에 넣을 수도 없을뿐더러, 너무 무거우면 그대로 바닥에 떨어지고 맙니다. 그래서 꿀벌은 방의 형태를 연구해서 가벼우면서도 튼튼한 집을 만들었습니다. 벌집의 비밀은 원형, 삼각형, 사각형도 아닌 육각형의 방이 빈틈없이 연결된 구조에 숨어 있답니다.

방 하나하나의 벽 두께는 0.1mm 이하이다.

얇구나!

벌집의 무게보다 30배나 더 무거운 꿀을 보관할 수 있대!!

HONEY

131

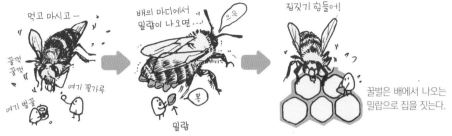

먹고 마시고 ―

꿀꺽 꿀꺽

여기 꽃가루

여기 벌꿀

배의 마디에서 밀랍이 나오면…

으읗

뽕

밀랍

집짓기 힘들어!

꿀벌은 배에서 나오는 밀랍으로 집을 짓는다.

꿀벌이 육각형 집을 만드는 데는 남모를 사정이 있다고?

꿀벌은 집의 재료를 외부에서 구해 오지 않습니다. 다름 아닌 자신의 체내에서 재료를 조달하고 있지요. 배의 마디에서 나오는 밀랍을 주물렀다 폈다 하면서 집을 만듭니다. 이 밀랍을 몸에서 만들어 내려면 많은 에너지가 필요하므로, 꿀이나 꽃가루를 잔뜩 섭취해야 합니다. 하지만 꿀이나 꽃가루는 위험을 무릅쓰고 밖에서 구해 와야 하기 때문에 벌집의 재료는 되도록 적게 해서 짓고 싶은 게 꿀벌의 본심일지도 모릅니다.

그렇다고는 해도 무리를 지어 사는 이상 많은 방이 필요하며, 재료를 적게 사용했다가 벽이 무너져 버리면 생활 터전이 다 사라지고 마는 결과를 초래하고 맙니다. 그래서 꿀벌은 벽이 얇은 육각형 방을 만들어 연결하는 방법을 선택했습니다. 육각형 방이란 정확히 말하면 육각기둥 모양의 방을 말합니다.

왜 육각기둥 모양으로 방을 만들었을까요? 다른 모양의 기둥과 한번 비교해 보겠습니다. 예를 들어 원기둥은 매우 튼튼하며 위에서 눌러도 잘 찌그러지지 않습니다. 방으로 사용하기 적합한 모양이지요. 하지만 원형의 방을 연결하다 보면 옆방과의 사이에 틈이 생깁니다. 틈새는 방으로 사용할 수 없으므로 그만큼 공간 낭비가 생기지요. 반면에 틈새 없이 달라붙는 형태라면 한쪽 벽을 옆방과 같이 공유할 수 있어서 그만큼 적은 재료로 집을 만들 수 있습니다.

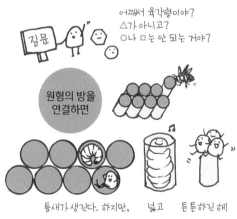

어째서 육각형이야? △가 아니고? ○나 ▢는 안 되는 거야?

질문

원형의 방을 연결하면

틈새가 생긴다. 하지만, 넓고 튼튼하긴 해!

공간을 절약하는 최고의 방법은 틈새 없이 연결하기!

틈새 없이 연결할 수 있는 모양은 육각형 외에 삼각형과 사각형이 있습니다. 그런데 삼각기둥과 사각기둥으로 만들면 방 한 칸의 크기가 좁아집니다. 원형에 더 가까운 육각형이 아무래도 더 튼튼하지요. 틈새가 없고, 위에서 눌러도 쉽게 부서지지도 않고, 방도 넓은 집의 조건을 만족시키는 형태는 육각기둥밖에 없습니다. 꿀벌은 적은 재료로 넓고 튼튼한 집을 만

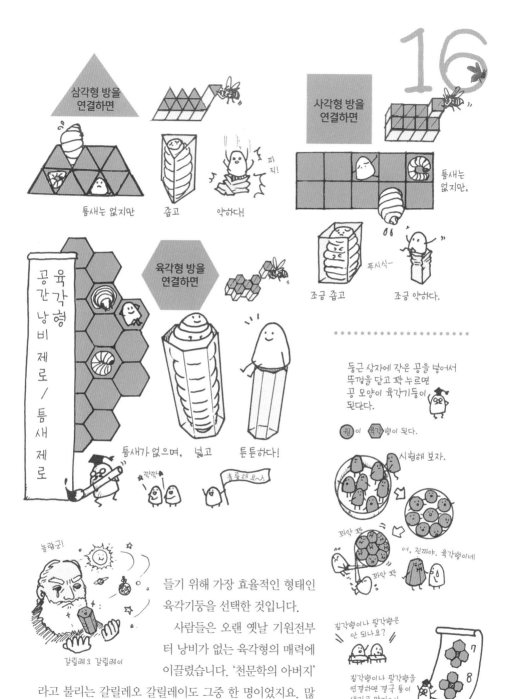

삼각형 방을 연결하면

틈새는 없지만   좁고   약하다!

사각형 방을 연결하면

틈새는 없지만,

조금 좁고   조금 약하다.

육각형 방을 연결하면

육각형 공간 낭비 제로 / 틈새 제로

틈새가 없으며,   넓고   튼튼하다!

짝짝   훌륭해요~↗

둥근 상자에 작은 공을 넣어서 뚜껑을 닫고 꽉 누르면 공 모양이 육각기둥이 된단다.

원이 육각형이 된다.

시험해 보자.

꽈악 꽉   어, 진짜야. 육각형이네

꽈악 꽉

칠각형이나 팔각형은 안 되나요?

칠각형이나 팔각형을 연결하면 결국 틈이 생기고 말지~!

놀랍군!

갈릴레오 갈릴레이

들기 위해 가장 효율적인 형태인 육각기둥을 선택한 것입니다.

사람들은 오랜 옛날 기원전부터 낭비가 없는 육각형의 매력에 이끌렸습니다. '천문학의 아버지' 라고 불리는 갈릴레오 갈릴레이도 그중 한 명이었지요. 많은 수학자 역시 수학적으로 빈틈이 없는 육각형의 형태에 감탄했다고 합니다.

133

만들어 보아요!

준비물

인쇄용 A4용지   자   연필, 가위, 풀   비슷한 크기의 책 5~10권

어떤 모양이 가장 튼튼할까?

꿀벌의 집을 만들려면 나란히 연결했을 때 틈이 생기지 않는 삼각기둥, 사각기둥, 육각기둥 중 어떤 형태가 가장 튼튼한지 비교해 보자.

①

종이의 왼쪽 끝에서 12mm 떨어진 곳에 선을 긋는다.

②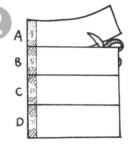

종이를 가로로 사등분하여 자른다.

종이를 사등분으로 접어서 하면 쉬워요.

③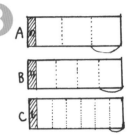

그중 세 장에 위의 그림처럼 선을 긋는다.

D부분은 아래 번외편 **①**에서 사용할 거예요.

④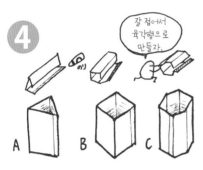

잘 접어서 육각형으로 만들자.

선을 산 접기로 접어서 차례대로 삼각기둥, 사각기둥, 육각기둥의 모양을 만들어 풀로 붙인다.

어떤 형태가 가장 튼튼할까?

기둥 위에 책을 살짝 올려놓는다. 몇 권까지 쌓을 수 있을까?

기둥의 정중앙에 책이 올라가게 한다.

자아~ 실험 시작!

기둥

책상

번외편

① 위에서 만들고 남은 1장(D)을 아무 데도 접지 않고 둥글게 말아서 원기둥을 만듭니다. 얼마나 튼튼할까요?

빙글

② A4 용지를 들어 올리면 종이가 아래로 처지고 맙니다. 하지만 종이를 반으로 접으면 바닥에 세워 놓을 수도 있지요. 이처럼 종이는 한 번만 접어도 구조가 튼튼해집니다.

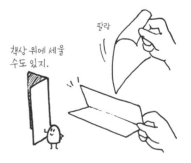

책상 위에 세울 수도 있지.

팔랑

134

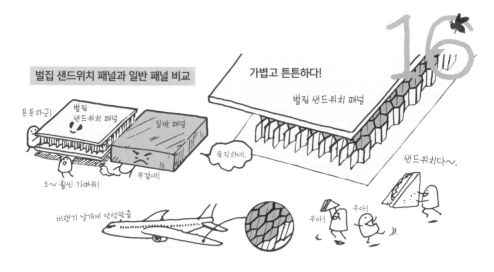

벌집 구조는 다재다능해!

　벌집처럼 육각기둥이 연결된 구조를 벌집(honeycomb, 허니콤) 구조라고 부르며 이를 다양한 공업제품에 이용하고 있습니다. 대표적인 것이 얇은 판 사이에 육각형 구조를 넣은 소재입니다. 나란히 연결한 육각기둥을 철판 사이에 넣어서 만든 이 소재는 비슷한 강도의 철판 한 장에 비해 재료를 10분의 1밖에 사용하지 않습니다. 재료를 적게 사용한 만큼 가벼운 것이 특징이지요. 예를 들어 비행기의 날개는 튼튼하면서도 가벼워야 합니다. 벌집 구조는 이럴 때 매우 유용합니다. 이미 우리에게 없어서는 안 될 기술로서 큰 활약을 하고 있답니다.

　벌집 구조의 특징은 이것뿐이 아닙니다. 구조 안에 공기를 많이 담고 있어서 온도나 소리가 주변으로 잘 전달되지 않습니다. 다른 물체와 충돌해도 충격을 흡수해 서서히 찌그러지고요. 그 외에도 다양한 장점이 있다는 사실이 밝혀지고 있습니다. 벌집 구조는 다재다능한 능력을 지녔답니다.

온도나 소리가 잘 전달되지 않는다.　　　　　　부딪힌 충격이 작다.

가볍고 튼튼한 벌집, 육·해·공에서 대활약 중!

그렇다면 실제로 어떤 장소에서 사용되고 있는지 살펴볼까요? 사실
놀랄 만큼 다양한 곳에서 벌집 구조를 사용하고 있답니다.

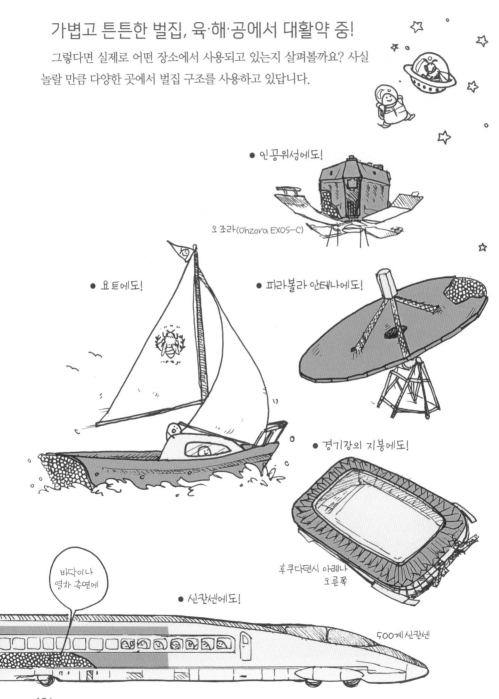

● 인공위성에도!

오조라(Ohzora EXOS-C)

● 요트에도!

● 파라볼라 안테나에도!

● 경기장의 지붕에도!

후쿠다텐시 아레나
오른쪽

바다이나
열차 측면에

● 신칸센에도!

500계 신칸센

여기저기 육각형이 숨어 있어!

　이 외에도 우리 주변에는 벌집 구조가 많습니다. 조금만 눈여겨보면 바로 찾아낼 수 있지요. 꼭 찾아보길 바랍니다.

　벌집 외에 자연에서도 육각형을 찾아볼 수 있습니다. 예를 들어 곤충의 겹눈이나 거북의 등껍질이 있지요. 육각형은 인간뿐 아니라 자연도 사랑하는 형태인가 봅니다.

자연에서 배우는 기술은
나노 크기를 볼 수 있게 되면서
비약적으로 발전했어요!

생물의 지혜를 배우기 위해서는 먼저 그 모습을 정확히 관찰해야 합니다. 하지만 사람의 눈으로 볼 수 있는 범위는 한정되어 있지요. 그래서 등장한 것이 현미경입니다. 20세기에 들어서는 나노 크기까지 볼 수 있는 현미경이 발명되었습니다. 그 결과 자연에서 배우는 기술인 생체모방기술(biomimetics)이 비약적으로 발전하게 되었지요. 최근에는 '생물'과 '기술'이라는 각기 다른 분야를 접목하면서 연구와 개발이 더욱 활발해지고 있답니다.

* 전자현미경은 빛 대신 전자를 쏘아서 검체를 확대해서 본다. 사람이 볼 수 있는 범위(뒷장의 '빛 이야기'를 참고)보다 작은 크기를 볼 수 있다. 원 안의 그림은 도마뱀붙이의 발바닥을 확대한 그림이다(12쪽).

발견의 문을
활짝 열어 줘서

고맙습니다!

광학현미경 시대

자카리아스얀센

얀센
부자

박테리아의 발견!
미생물의 아버지라고
불리는 레벤후크

1590년경 세계 최초로
현미경 발명

1665년에 『마이크로그라피아
(Micrographia)』라는 현미경
도감을 출판한 로버트 훅

표창장

세계 최초의 현미경을 만든 한스 얀센 님과 자카리아스 얀센 님
더욱 발전한 50배율의 복식 현미경으로
식물의 세포를 발견한 로버트 훅 님.
혼자서 만든 한 장의 렌즈로 200배까지 확대하는 데
성공한 레벤후크 님.
모두의 위대한 공적을 표창합니다.

전자현미경의 발명은 발견의 시대를 본격적으로 열었다.

전자현미경 시대

우리는 베를린 공과대학에서 학생을 가르치지.

표창장

막스 크놀 님, 에른스트 루스카 님
빛 대신에 전자를 사용한다는 놀라운 아이디어로
세계 최초로 투과형 전자현미경=TEM을 개발하여
새로운 시대를 열어 주셨습니다.
나노 시대를 향해 커다란 문을 열어 준
공적을 표창합니다.

크놀 교수

루스카 교수

표창장

맨프레드 폰 아드네 님
울퉁불퉁한 표면도 동시에 초점을 맞출 수 있는
주사형 전자현미경=SEM 개발에 성공한
공적을 표창합니다.
또한 그 원리를 알아낸
막스 크놀 님께도 감사드립니다.

맨프레드
폰 아드네

스위스 취리히에 있는 IBM 연구소에서 같이 연구하지!

표창장

하인리히 로러 님,
게르트 비니히 님
가능할 리 없다는 말에도 포기하지 않고
물체 표면의 원자까지 관찰할 수 있는
주사형 터널링 현미경=STM을
개발해 내는 데 성공한 공적을 표창합니다.

하인리히 로러

게르트 비니히

 끝마치며

행복한 미래를 위해
지금 우리가 해야 할 일

2011년 3월 11일 동일본대지진이 일어났습니다. 어마어마한 자연의 힘 앞에서 우리는 과학기술의 존재 이유를 다시금 되짚어보게 되었지요.

지금 우리가 과학기술이라고 부르는 것의 대부분은 18세기 영국에서 시작된 산업혁명 이후에 발전했다고 해도 과언이 아닙니다. 하지만 그로부터 불과 250년이 흐르는 사이 인류는 지구가 몇억 년의 시간을 들여 만들어 낸 자원과 에너지를 맹렬한 기세로 소비하며 지구 환경을 빠른 속도로 파괴하고 있습니다. 우리는 이제 다시 원점으로 돌아가 생각해 보아야 합니다.

다음 세대에 또 그다음 세대에 지구에서 마음 편히 살아가는 당연한 꿈을 이어주기 위해 지금 이 시대를 사는 우리가 반드시 구축해야 할 것이 있습니다. 바로 '지속 가능한 사회'입니다. 자원을 마구 낭비해서 미래에 사용할 자원이 남아 있지 않거나, 미래를 위험에 빠트리는 일이 벌어진다면 인류의 삶은 계속될 수 없습니다. 지속 가능한, 다시 말해 계속 유지할 수 있는 사회란 지구에 회복 불가능한 손상을 주지 않는 사회, 자연의 순환주기나 재생 속도를 바로 인식하는 사회를 말합니다.

그렇다면 '지속 가능한 사회'는 어떻게 만들어야 할까요? 무엇을 본받아야 하는 걸까요? 그 방법은 자연에서 배우는 길밖에 없다고 생각합니다. 탄생한 지 46억 년이 지난 지구에서 자연은 이제까지 다양한 형태의 도태와 시행착오를 거듭해 왔습니다. 그 결과 가장 적은 에너지로 움직이는 구조(메커니즘)와 완벽하게 순환을 반복하는 체계(시스템)를 완성해 냈습니다. 거기에서 우리는 여러 가지를 배울 수 있습니다.

이 책에서는 '자연의 문'을 두드리는 방법의 하나로 '메커니즘'에 초점을 맞춰 설명했습니다. 자연은 자연 그대로의 상태(인공적이지 않은 자연의 온도)에서 손쉽게 얻을 수 있는 재료로도 매우 단순한 구조부터 놀랄 만큼 정교한 구조를 만들어 냅니다.

이제까지 우리는 이 지구에 존재하지 않거나 자연적으로 불가능한 기술만을 훌륭하

다고 착각해 온 것은 아닐까요? 그러한 기술은 대부분 굉장히 복잡하며 만들 때도 사용할 때도 대량의 에너지와 자원을 소비해야 합니다. 하지만 자연에서 배우는 기술은 이러한 기술과는 완전히 다른 성질의 기술입니다.

중요한 점은 자연에서 배운 기술을 이제까지의 기술과 바꾸면 된다는 생각만으로는 변화를 일으킬 수 없다는 것입니다. 예를 들어 올빼미 날개를 모방하여 에어컨의 팬을 뾰족하게 만들면 효율성을 높일 수는 있지만 단지 이 방법만으로는 진정한 의미의 행복한 미래를 만들 수는 없습니다.

삶의 방식도 함께 바꿔 나가는 것이 중요합니다. 에어컨은 정말 필요할까요? '에어컨 없이도 쾌적하게 생활할 수 있지 않을까?' 이렇게 생각을 바꾸고 자연을 관찰하는 자세가 필요합니다. 흰개미 집을 모방하여 만든 에어컨이 필요 없는 건축물도 이런 생각의 변화에서 탄생한 것입니다.

지금 필요한 것은 자연의 놀라운 지혜를 활용해서 새로운 물건을 발명하고, 삶의 방식을 바꿔 가는 자세입니다. 이러한 기술이야말로 '자연을 중심으로 한 기술'입니다.

자연은 그 안에 있는 것만으로도 사람의 마음을 치유해 줍니다. 또한 자연은 이제까지의 삶과 사회에 필요한 모든 기술을 담고 있는 보물창고이기도 합니다. 많은 사람이, 그리고 누구보다도 미래를 만들어 갈 아이들이 이러한 사실을 바로 알아서 자연이 가르쳐 준 기술을 발전시키는 새로운 원동력이 되기를 바랍니다.

편집과 취재·집필을 맡아 자연의 놀라운 능력을 자세히 취재하고 알기 쉽게 정리해 준 마쓰다 모토코, 에구치 에리, 니시자와 마키코와 마지막까지 함께해 준 아리스칸의 야마구치 이쿠코 편집장 덕분에 이 책이 완성될 수 있었습니다. 마음속 깊이 감사드리며, 이 책이 다음 세대를 이끌어 갈 아이들의 앞날을 밝혀 줄 빛이 되기를 간절히 기대해 봅니다.

_ 이시다 히데키

모르포나비

빛 이야기

잘 들어 보거라.

네에 ~.

빛은 다양한 특징과 성질을 지니고 있단다.
빛의 특성을 이용해서 빛을 조절하는
엄청난 기술이 개발되고 있지.

태양광에 여러 가지 색이 숨어 있다고?

태양광에는 보라, 파랑, 초록, 황록, 노랑, 주황, 빨강, 또 그사이의 색까지 포함하여 우리가 볼 수 있는 색이 모두 포함되어 있습니다. 물감의 색을 모두 섞으면 검은색이 되지만 빛은 흰색(백색광)이 됩니다.

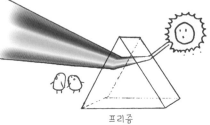

프리즘

전자파의 종류

감마선	엑스선(뢴트겐 등)	자외선	가시광선	적외선	전파 (TV, 휴대전화 등)

빛이 '전자파'라는 사실! 사람이 볼 수 있는 빛은 아주 조금뿐이라고?

'전자파'는 전기와 자기가 교대로 진동하면서 파도처럼 앞으로 이동합니다. 우리가 '빛'이라고 부르는 것과 TV나 휴대전화의 '전파', 뢴트겐의 'X선'도 모두 전자파입니다. 같은 전자파라도 성질이 다르기 때문에 다른 이름으로 불리지만, 모두 다 전자파 친구들이랍니다. 사람이 볼 수 있는 전자파의 범위는 매우 한정되어 있습니다.

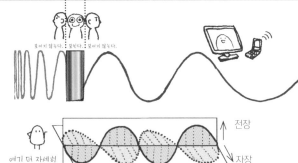

보이지 않는다. 보인다. 보이지 않는다.

여기 더 자세히 설명해 놓았어.

전장
자장

전장 = 전기의 힘이 미치는 공간
자장 = 자기의 힘이 미치는 공간

빛은 파도처럼 움직여서 색에 따라 파장도 달라진다고?

사람이 볼 수 있는 빛은 파장이 약 380~800㎛ 사이인 전자파입니다. 우리가 '빛'이라고 부르는 것이지요. 색에 따라 파장의 길이도 달라집니다. 여기에서는 파랑과 초록, 빨강을 비교해 보겠습니다. 파랑의 파장은 짧고, 빨강은 길며, 초록은 그 중간입니다. 파장이 변하면 색도 달라집니다.

파랑
초록
빨강

파장

* 위의 그림은 차이를 알아보기 쉽게 파장의 폭을 과장하여 표현했다.

빛에도 습관이 있다고?

우리 눈에 보이는 빛에는 여러 가지 특징이 있습니다.

굴절
빛은 공기 중을 지나 물체를 통과할 때 살짝 굴절됩니다. 물체를 구성하는 여러 가지 분자와 빛이 부딪히기 때문이지요. 물체의 재질에 따라 굴절하는 각도(굴절률)와 이동하는 속도가 달라집니다(83쪽).

직진
진공 상태에서 빛은 1초에 약 30만km의 속도로 나아갑니다. 공기 중에서도 속도는 거의 비슷하며, 앞으로 직진합니다.

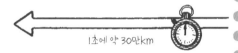

1초에 약 30만km

반사
공기 중을 통과한 빛이 물체에 닿으면 물체의 표면에서 빛의 일부가 반사됩니다.

거울은 모든 빛을 반사해.

아니야, 왼쪽인데?

맨 오른쪽 창문이 빛나고 있어.

색에 따라 굴절률이 달라진다
파랑과 빨강의 굴절률을 비교해 보면, 파장이 짧은 파랑은 큰 각도로 굴절하며 파장이 긴 빨강은 작은 각도로 굴절합니다. 무지개는 비가 그친 후 공기 중에 떠다니는 무수한 물방울이 프리즘의 역할을 하면서 생기는 자연현상입니다. 물방울에 태양광(백색광)이 굴절되면서 다양한 색으로 나뉘는 것이지요.

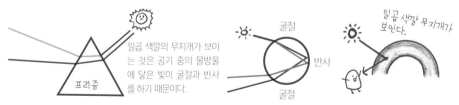

프리즘

일곱 색깔의 무지개가 보이는 것은 공기 중의 물방울에 닿은 빛이 굴절과 반사를 하기 때문이다.

굴절

반사

굴절

일곱 색깔 무지개가 보인다.

간섭
여러 개의 파동이 겹쳐서 새로운 파동을 만들기도 하고 어긋나서 없어지기도 하면서, 색이 보였다가 안 보이는 현상을 '간섭'이라고 합니다. 파동이 겹치면 색이 진하게 보입니다(보강간섭). 하지만 서로 어긋나면 파동의 마루와 골이 만나 파동이 사라지기 때문에 색이 연해지거나 보이지 않게 된답니다(상쇄간섭).

무지갯빛을 띠는 비눗방울

보여!

보이지 않아?

반짝!

반짝!

반짝!

반짝!

회절
아주 작은 돌기에 닿아 반사되거나, 좁은 틈새를 통과할 때 파동이 옆으로 넓게 퍼지는 현상을 '회절'이라고 합니다(94쪽).

도마뱀의 발바닥은 신기한 테이프

1판 1쇄 찍은날 2016년 10월 8일
1판 8쇄 펴낸날 2022년 6월 10일

글쓴이 | 마쓰다 모토코·에구치 에리
그린이 | 니시자와 마키코
감   수 | 이시다 히데키
옮긴이 | 고경옥
펴낸이 | 정종호
펴낸곳 | (주)청어람미디어

책임편집 | 홍선영
디자인 | 이원우
마케팅 | 강유은
제작·관리 | 정수진
인쇄·제본 | (주)에스제이피앤비

등록 | 1998년 12월 8일 제22-1469호
주소 | 03908 서울시 마포구 월드컵북로 375, 402
전화 | 02-3143-4006~8
팩스 | 02-3143-4003
이메일 | chungaram@naver.com

ISBN 979-11-5871-031-6 43500
잘못된 책은 구입하신 서점에서 바꾸어 드립니다.
값은 뒤표지에 있습니다.